Programme d'Evaluation Rapide

Une évaluation rapide de la biodiversité marine des récifs coralliens du Mont Panié, Province Nord, Nouvelle Calédonie

RAP
Bulletin PER d'évaluation biologique
42

Edité par S. A. McKenna, N. Baillon, H. Blaffart, et G. Abrusci

Le *Bulletin PER d'évaluation biologique* est publié par:

Le Centre pour les Sciences Appliquées de la Biodiversité
Conservation International
1919 M St., N.W., Suite 600
Washington, DC 20036
USA

Tel: 202-912-1000
Fax: 202-912-0773
www.conservation.org

Editeurs: Sheila A. McKenna, N. Baillon, H. Blaffart, G. Abrusci
Conception: Glenda Fábregas
Carte: Debra Fischman

Conservation International est un organisme privé, à but non lucratif, exempt d'impôts fédéraux sur le revenu d'après la section 501 c (3) de l'Internal Revenue Code.

ISBN 1-881173-97-6

Library of Congress Catalog Card Number: 2006935568

 Imprimé sur du papier recyclé.

Le Bulletin PER d'Evaluation Biologique était auparavant connu sous le nom de Dossiers de travail PER. Les numéros 1 à 12 de cette série sont publiés sous cet ancien nom.

Citation suggérée:
McKenna S.A., Baillon, N. Blaffart, H. Abrusci G. (2006) Une évaluation rapide de la biodiversité marine des récifs coralliens du Mont Panié, Province Nord, Nouvelle Calédonie

Table des matières

Participants et Auteurs

Nathalie Baillon, Ph. D (Conseiller technique)
Chef du service de l'Aquaculture et des Pêches
Direction du Développement Economique et de l'Environnement
Province Nord
BP 41 - 98 860 Koné

Nouvelle Calédonie
Tel (687) 47 72 39 - Fax (687) 47 71 35
e-mail : dde-sap@province-nord.nc

Henri Blaffart (Aide de champ et conseiller de la communauté)
Chef de Projet
Mont Panié Co-management Conservation Area
Association Maruia Trust de Nouvelle Calédonie

Adresse Actuelle
Chargé de Projet Conservation en co-gestion du Mont Panié
Conservation International
C/o Association Dayu Biik
BP 92
98815 Hieghène
Nouvelle Calédonie
Tel: 42 87 77
Fax 42 87 78
Email: dayubiik@lagoon.nc or henri.blaffart@lagoon.nc

Sylvain Bouarat (Pêcheur et conseiller)
Tribu Koulnoué,
Hienghène Commune
New Caledonia

Nathaniel Cornuet, M. Sc (Exploitations de pêche en récifs)
Ancienne Adresse
4, Fredic Chopin Street
98 800 Nouméa, Nouvelle Calédonie

Adresse Actuelle
Scientifique Halieutique
Responsible of Fisheries management
Service de l'Aquaculture et des Pêches
Direction du Développement Economique et de l'Environnement
Province Nord
B.P. 41- 98860 Koné
Nouvelle Calédonie
Tel : 47.72.39
Fax : 47.71.35
Email : dde-sap@province-nord.nc

Naamal De Silva (Utilisation marine de ressource de la communauté)
Manager, Asia Pacific Outcomes
Conservation Synthesis
Center for Applied Biodiversity Science
Conservation International
1919 M. St. N.W. Suite 600
Washington, DC 20036
USA
E-mail: n.desilva@conservation.org

Richard Evans (Poissons des récifs coralliens)
Biologiste Marin
School of Marine Biology and Aquaculture, James Cook University
Townsville, Queensland 4811
Australia
Business Phone 61 7 4724 3269 or 61 7 4781 5641
Fax: 61 7 47251570
E-mail: richard.evans@jcu.edu.au or rich_evans03@yahoo.com.au

Pierre Laboute (Invertébrés marins)
Biologiste Marin
Rue Bon, Immeuble Olympe, BÂtiment B
Nouméa, Nouvelle Calédonie
Phone: 687 87 76 37
FAX: 687 27 51 72
E-mail: pierre_laboute@yahoo.fr

Ghyslaine Le Nagard (Traducteur)
Gérante - Coordinatrice
AAGLN - Traduction - Interprétariat & Cours
Nouméa, Nouvelle Calédonie
Tél/Fax: 687 27 29 43
E-mail: ghys1905@mls.nc

Stephen Lindsay M. Sc. (Espèces marines macro-invertébrées exploitées)
Ancienne Adresse
Center of Biodiversity Conservation - Melanesia Program
P0 Box 804, Alotau, Milne Bay Province
Papua New Guinea CBC Melanesia,
Alotau Papua New Guinea

Adresse Actuelle
71 Walsh Street,
Edgehill, Queensland,
4870, Australia
Email: steverlindsay@optusnet.com.au

Sheila A. McKenna, Ph. D. (Ecologie de récifs et equipe enquête)
Directrice, Programme d'analyse de biodiversité marine
Center for Applied Biodiversity Science
Conservation International
1919 M. St. N.W. Suite 600
Washington, DC 20036
USA
Tel: (1) (202) 912 1597
Email: s.mckenna@conservation.org

Edmond Ouillate (Liaison communautaire)
Tribu Panié
Hienghène Commune
Nouvelle Calédonie

Portrait des organisations

CONSERVATION INTERNATIONAL

Conservation International (CI) est une organisation internationale à but non lucratif, basée à Washington, DC. Les actions de CI sont dictées par la conviction que l'héritage naturel de la Terre doit être préservé si l'on veut que les générations futures prospèrent aux niveaux spirituels, culturels et économiques. Notre mission est de conserver la diversité biologique et les processus écologiques qui sont nécessaires au maintien de la vie sur Terre et de démontrer que les sociétés humaines sont capables de vivre en harmonie avec la nature.

Conservation International (Washington, DC)
1919 M Street N.W, Suite 600
Washington DC 20036
USA
(202) 912-1000 (téléphone)
(202) 912-0773 (fax)
http://www.conservation.org

Conservation International (Pacific Islands Program)
c/- Secretariat of the Pacific Regional Environment Program
PO Box 240
Vailima
Apia, Samoa

LA DIRECTION DU DEVELOPPEMENT ECONOMIQUE ET DE L'ENVIRONNEMENT DE LA PROVINCE NORD (DDEE)

La DDEE a pour mission de structurer et d'accompagner le développement de l'économie de la province Nord, tout en respectant et en valorisant l'environnement, pris en compte dès la conception et le montage des projets. Elle accompagne les projets de développement local en cohérence avec la mise en place des projets structurants, leur apporte un appui technique, étudie les demandes de soutien financier, élabore et met en place une réglementation adaptée. Au sein de la DEEE, le service de l'Aquaculture et des Pêches est chargé de la mise en œuvre de la politique provinciale dans les domaines de l'aquaculture et de la pêche. Il intervient également en appui au Service Environnement dans la gestion des ressources marines. Le service de l'Environnement, basé à la DDEE, assure une mission transversale de coordination au sein de la Province et de mise en œuvre des actions en faveur de l'environnement et des mesures visant à assurer la protection du patrimoine naturel.

Province Nord DDE
B.P. 41- 98860 Koné
Nouvelle Calédonie
Tel : 47.72.39
Fax : 47.71.35
Email : dde-sap@province-nord.nc

ASSOCIATION MARUIA TRUST NOUVELLE CALÉDONIE

Cette association a pour objet la promotion de la connaissance du respect, de la protection et de la sauvegarde de la nature et de l'environnement ainsi que la representation, en Nouvelle Calédonie, de l'association caritative Néo-Zélandaise <Maruia Trust>. Au moment du RAP, l'association était principalement impliquée dans l'appui technique et la coordination du projet de conservation en co-gestion du Mont Panié.

ASSOCIATION DAYU BIIK

(Association pour la conservation en co-gestion du Mont Panié -ACCMP 'Dayu Biik')
Cette association, formée en 2004, a pour mission la gestion du patrimoine natural du Mont Panié, dans le respect du droit commun, du droit coutumier et de la mission des services publics relative à la réserve botanique du Mont Panié et à la conservation de sa biodiversité. L'association travaille depuis près de trois ans à la protection et à la mise en valeur durable de cette ressource exceptionnelle. Elle compte des représentants de la commune de Hienghène, des représentants du gouvernement de la Province Nord et des représentants des seis tribus propriétaires coutumiers des terres constituant la réserve.

Remerciements

Cette enquête de PER marin a été co-financée par Conservation International et la province Nord de Nouvelle-Calédonie. La mobilisation des fonds a été rendue possible grâce à une convention passée avec l'ADECAL (Agence de Développement de la Nouvelle-Calédonie). Le financement apporté par CI a été rendu possible grâce aux généreux dons de M. John McCaw et d'une subvention du Centre de conservation de la biodiversité de Mélanésie donnée par la Fondation Betty et Gordon Moore. Nous tenons à remercier M. Adrien Rivaton, de l'ADECAL, pour l'aide apportée aux aspects administratifs et financiers. Nous offrons aussi nos sincères remerciements à toute l'équipe du Service de l'Aquaculture et des Pêches de la Direction du Développement Economique (DDEE) de la province Nord, qui a activement participé à l'organisation logistique de la mission et jouer un rôle important en tant qu'équipage du navire MAX. Tous nos remerciements également à Van Dang Duong, chef du Service des Forêts de la DDEE, Roger Pouityela et Jean-Jérôme Cassan, du service de l'Environnement de la DDEE, qui ont également participé à l'organisation préliminaire du RAP. Nous remercions Thierry Baboulenne de son soutien, particulièrement de nos activités de plongée. Nous remercions Fanja Andriamialisoa et Samia Hillier pour la traduction. Et finalement, nous voudrions remercier les tribus de Hieghène et de Pweevo (Pouébo) pour leur appui et partage de leur histoire aussi de nous permettre de conduire cette recherche et pour nous donner permission de plonger sur leurs récifs.

Résumé exécutif

INTRODUCTION

Nous présentons ici les résultats de l'inventaire rapide marin des récifs coralliens de la région du Mont Panié, dans la Province Nord de la Nouvelle Calédonie. Dans ce résumé exécutif, le programme d'évaluation rapide marin et la Nouvelle Calédonie sont brièvement présentés. Des informations sur les sites d'études et les méthodes appliquées suivent. Enfin, les résultats marquants sont présentés. Ce résumé s'achève sur les recommandations en matière de conservation qui ont été émises à la suite de l'étude.

PRÉSENTATION

Programme d'évaluation rapide marin (*Marine RAP*)

Le Programme d'évaluation rapide marin réalise des inventaires scientifiques (RAP marins),[1] avec la participation de chercheurs locaux et internationaux, afin de compléter les données sur la biodiversité marine dans les régions menacées ou insuffisamment documentées. Les inventaires fournissent des données sur des espèces particulières présentant une importance sur le plan biologique ou commercial, ainsi que sur la « santé » des habitats étudiés. Le travail de terrain *in situ*, à la fois sous-marin et à terre, permet d'identifier les menaces et d'obtenir des informations sur des aspects socio-économiques comme les modes d'utilisation des ressources marines ainsi que les préoccupations et les opinions des résidents du littoral de la région concernée. Les informations spécifiques collectées et les méthodes appliquées se basent sur les besoins locaux et régionaux qui sont déterminés par la discussion avec toutes les parties prenantes locales, y compris les institutions gouvernementales et les organisations non gouvernementales.

Les informations acquises grâce au RAP marin, ainsi que toutes les autres données disponibles et utiles, sont analysées, synthétisées et cartographiées de manière géo-spatiale afin de : a) localiser avec précision les sites et les problèmes clés au sein d'une région pour pouvoir mettre en place des mécanismes / activités réalistes de conservation des espèces et de leurs habitats (par exemple la création d'aires protégées marines localement gérées) ainsi pour atténuer les menaces sur la biodiversité (par exemple, la restriction des pratiques de pêche nuisibles); b) identifier les données qui manquent et les sujets d'études supplémentaires (par exemple l'évaluation des stocks); c) mettre en œuvre des inventaires, des activités et des études supplémentaires selon les besoins pour des espèces et des zones déterminées et d) aborder les problèmes de biodiversité et de conception des aires protégées marines.

---

[1] L'abréviation RAP marin est la plus fréquemment utilisée pour designer les inventaires du Programme d'évaluation rapide marin.

Les résultats des inventaires permettent une prise de décision pertinente, en particulier pour la création d'aires gérées marines et pour le développement d'autres « outils » de conservation (tels que les restrictions sur l'extraction). Les inventaires favorisent également les échanges entre les chercheurs nationaux et étrangers pour un meilleur renforcement des capacités. Les RAP marins permettent enfin d'améliorer l'éducation et la sensibilisation sur la biodiversité et les ressources marines.

Nouvelle Calédonie

La Nouvelle Calédonie est un territoire français à gouvernement autonome. Elle se situe en Mélanésie dans la partie sud-ouest de l'océan Pacifique (21⁰ 30' S, 165⁰ 30' E). La Nouvelle Calédonie est centrée autour d'une île principale "La Grande Terre" entourée par plusieurs autres petites îles. La superficie terrestre totale est de 18575,5 km^2 et la superficie marine de 1740000 km^2. Le territoire est divisé en trois provinces administratives : Province des Iles, Province Nord et Province Sud. Trente-trois communes existent au sein de ces provinces. Le processus de transfert graduel par la France du pouvoir et de la responsabilité gouvernementaux est en cours.

La Nouvelle Calédonie compte environ 219246 habitants avec une densité de population de 12,8 habitants au km^2. La population se trouve en majorité dans la Province Sud dans la région de Nouméa, la capitale. Plusieurs groupes ethniques vivent en Nouvelle Calédonie (parmi lesquels les Français et les Polynésiens) mais les Kanak, un groupe mélanésien indigène, joue un rôle social et politique majeur dans l'île. Ils représentent environ 45% de la population et vivent traditionnellement dans des tribus axées sur la famille. La tradition kanak maintient un lien étroit entre les Kanak, la terre et la mer qui leur sont essentielles pour se nourrir. La culture et les croyances religieuses des Kanak reconnaissent l'importance de la bonne santé de leur écosystème ce qui les rend par tradition extrêmement respectueux lors de l'utilisation de leurs ressources naturelles.

L'économie de la Nouvelle Calédonie se base principalement sur le nickel et l'industrie métallurgique ; la Grande Terre possède en effet 25% des réserves mondiales connues de nickel. Le tourisme constitue la deuxième principale industrie et l'agriculture, la pêche et l'aquaculture sont les autres activités économiques importantes. La France fournit également un appui financier considérable.

Le milieu terrestre présente une biodiversité extrêmement riche et un niveau élevé d'endémisme car la Grande Terre faisait autrefois partie du Gondwanaland. L'île s'est détachée du Gondwanaland (Australie et Nouvelle Zélande) il y a environ 55 millions d'années [2] favorisant ainsi le développement d'une faune et d'une flore uniques. On y trouve entre autres 21 espèces endémiques d'oiseaux, 62 espèces endémiques de reptiles et 2432 espèces endémiques de plantes vasculaires. La Nouvelle Calédonie se classe ainsi comme l'un des hotspots pour la biodiversité selon Conservation International[3]. Les eaux calédoniennes sont tout aussi impressionnantes : une grande variété d'espèces marines peuple les nombreux habitats marins comme les récifs coralliens, les mangroves et les lits d'herbes marines. Les récifs coralliens méritent une mention spéciale car on y trouve le deuxième plus grand récif barrière au monde (40000 km^2) et l'un des quelques doubles récifs barrières qui existent. Sur certaines sections, le récif barrière est même triple.

Reconnaissant l'importance de son environnement marin, la Nouvelle Calédonie compte actuellement treize aires protégées marines et prévoit d'en désigner davantage. La plupart de ces aires protégées marines sont des zones de non-prélèvement et se situent dans les eaux au large de la Province Sud. En Province Nord, une nouvelle aire protégée marine communautaire est proposée pour les récifs coralliens de la région du Mont Panié. Le Programme d'évaluation rapide marin de Conservation International, en collaboration avec le gouvernement de la Province Nord et des tribus kanak locales, a effectué un inventaire RAP marin pour ces récifs afin de rassembler des données spécifiques sur la biodiversité, l'écologie et les aspects socio-économiques.

SITES D'ÉTUDE ET MÉTHODES

Les récifs coralliens au large de la côte des communes de Hienghène et de Pweevo (Pouébo) de la région du mont Panié ont fait l'objet d'un inventaire entre le 24 novembre 2004 et le 15 décembre 2004. L'équipe était composée de deux groupes travaillant en parallèle et constitués de chercheurs locaux et internationaux, de sociologues ainsi que de membres de la communauté locale. Le groupe en charge des aspects biologiques a évalué la biodiversité, les espèces importantes sur le plan commercial et la santé de 42 sites récifaux allant du récif Domian au récif Colnett au sud, au récif Colnett, grand récif Pouma et passe de Balade au nord (Carte 1). Le deuxième groupe, en charge de l'aspect socio-économique, a conduit des entretiens avec les parties prenantes locales afin d'évaluer leurs besoins, leurs opinions et leurs préoccupations en ce qui concerne l'utilisation des ressources marines. Leurs interlocuteurs comprenaient 21 tribus ou villages allant de Linderalique (juste au sud de Hienghène) à St. Denis (au nord de Pouébo (Pweevo)).

Les sites ont été choisis afin de couvrir tous les types de récifs de la zone et de maximiser la biodiversité trouvée.

---

[2] La Nouvelle Calédonie et la Nouvelle Zélande se sont séparées de l'Australie il y a 85 millions d'années et l'une de l'autre il y a 55 millions d'années

[3] Le concept de hotspots a été développé pour la première fois en 1988 par l'écologiste britannique Norman Myers et adopté par CI comme cadre de definition des priorités en 1989. CI se concentre aujourd'hui sur 34 hotsposts pour la biodiversité dans le monde. Ces regions ne couvrent que 2,3% de la superficie de la Terre mais contiennent cependant 76% de tous les mammifères terrestres, 82% des oiseaux, 71% des reptiles, 81% des amphibiens et 50% de toutes les plantes vasculaires de la planète.

Les sites présentant un intérêt particulier (par exemple les récifs adjacents à la réserve du mont Panié et les sites tabous) ont été inventoriés selon les recommandations des tribus et après discussion entre ces dernières, le gouvernement de la Province Nord, Dayu Biaak et tous les participants. Au final, la sélection des sites dépendait également des conditions météorologiques. L'Atlas des récifs coralliens de Nouvelle-Calédonie a été un ouvrage de référence majeur pour l'étude et a été utilisé pour classifier les sites étudiés par type de récif en fonction des éléments géomorphologiques (Andrefouët et Torres-Pulliza, 2004). Compte tenu de l'importance du mont Panié comme réserve terrestre et de la déforestation qui a cours dans les zones au nord et au sud de la réserve, les sites ont également été classés selon trois catégories de zones géographiques : Hienghène, mont Panié et Pouébo (Pweevo). Le classement des sites par type de récif et par zone géographique est résumé dans le Tableau 1. La localisation exacte de ces sites n'est pas disponible dans ce rapport, mais la zone d'étude globale est indiquée sur la carte.

A la demande des tribus locales, aucun spécimen n'a été collecté ; seules des photos ont été prises pour documenter les espèces et les habitats. Toutes les précautions ont été prises à ce que tous les sites visités le soient dans le plus grand respect et l'entière obéissance aux lois tribales. Un inventaire visuel sous-marin a été réalisé sur chaque site pour évaluer la biodiversité en poissons de récifs coralliens et en invertébrés du benthos, principalement des coraux sclératiniens. Les macro-invertébrés ciblés par l'extraction ont été évalués en nageant avec un masque et un tuba : les espèces étaient décomptées et quelques-unes ont été mesurées. Les stocks de certains poissons et la condition des récifs coralliens sur chaque site ont été évalués à l'aide de techniques visuelles sous-marines standard de recensement sur un transect. Pour la partie socio-économique de l'étude, des entretiens approfondis sur le terrain ont été conduits auprès de 21 tribus côtières.

RÉSULTATS

Les résultats marquants de l'inventaire RAP sont présentés ci-après. Les détails se trouvent dans les différents chapitres sur les sclératiniaires et les organismes dominants, les poissons des récifs coralliens, les espèces marines de macro-invertébrés exploitées, les poissons ciblés, l'état des récifs coralliens et l'utilisation communautaire et la conservation des ressources marines.

Scleractiniaires et organismes dominants

- Un total de 279 espèces appartenant à 14 familles de scléractiniaires a été relevé. Pour les scléractiniaires, les espèces nettement dominantes étaient représentées par ordre décroissant par : *Porites* cf. *lobata* *, *Favia rotumana*, *Galaxea fascicularis*, *Pocillopora damicornis*, *Stylophora mordax*, *Goniastrea retiformis*, *Pocillopora verrucosa*, *Pavona varians*, *Favites halicora*, *Leptastrea inequalis* et *Acropora* sp. 1.
- Pour les autres groupes, dénommés « Divers », les recensements effectués ne sont que très partiels et marginaux : microbialithes, algues, phanérogames marines, éponges, hydraires, millépores, stylasters, octocoralliaires, actiniaires, corallimorphes, zoanthaires, antipathaires, vers, mollusques, crustacés, bryozoaires, échinodermes, ascidies et serpents marins. Un total de 212 organismes, dénommés Divers, a été relevé, appartenant à 19 groupes et représentant 100 familles.

Poissons des récifs coralliens

- Les familles dominantes en nombre d'espèces sont les Labridae (80), les Pomacentridae (74), les Gobiidae (48), les Serranidae (32) et les Acanthuridae (31). Le nombre d'espèces par site se situait entre 109 et 229, avec une moyenne de 172. Douze espèces faisant partie de la Liste rouge de l'UICN ont été recensées lors de ces inventaires.
- En général, le plus grand nombre d'espèces a été relevé sur le front des récifs barrières externes (201), sur le front des récifs du lagon (172), dans les arrières récifs (166) et enfin dans les récifs frangeants (156). Il n'y a cependant aucune différence significative entre les nombres d'espèces relevés sur tous les sites.

Espèces marines macro-invertébrées exploitées

- Une totalité de 18 espèces d'holothuries (concombre de mer) fut observée. La diversité la plus élevée d'holothuries pour tous les sites était de 11 espèces. Celle-ci était basse pour les deux espèces exploitées professionnellement, *Holothuria*

Tableau 1. Le classement des sites basé sur la zone et le type de récif

	Zone de Hienghène	Zone du Mont Panié	Zone de Pweevo (Pouébo)	Total par type de récif
Récif frangeant	8, 14, 15	28, 29, 30	33, 41, 42	9 sites
Récif intermédiaire	5, 7, 9, 10, 11, 12, 13	18, 19, 20, 27	25, 32, 37, 39, 40	16 sites
Récif barrière	1, 2, 3, 4, 6	16, 17, 26	21, 22, 23, 24, 31, 34, 35, 36, 38	17 sites
Total zone	15 sites	10 sites	17 sites	42 sites

nobilis et *Thelenota ananas*, présentes sur 29 des sites évalués (60% de la totalité des sites).

- Les données sur la collecte de trocas dans la Province Nord et celles obtenues ici indiquant une population de faible densité, suggèrent une surexploitation de cette espèce. Il est recommandé d'entreprendre d'urgence une évaluation approfondie de ces populations. Seulement cinq espèces de bénitiers géants ont été recensées sur la totalité des sites, et l'absence de *Tridacna gigas* fut notée. Les populations de bénitiers semblent pauvres pour la plupart des espèces.

Poissons ciblés

- Au total, 173 espèces regroupées en 22 familles ont été relevées comme espèces potentiellement ciblées par la pêche récifale.
- Parmi les 18 600 poissons recensés, 60% appartiennent aux six familles suivantes : Acanthuridés, Scaridés, Carangidés, Serranidés, Labridés, et Lutjanidés.

L'état des récifs coralliens

- Globalement, les récifs coralliens étudiés sont dans un état excellent à bon. Aucun blanchissement corallien n'a été observé sur les sites étudiés. On n'a relevé aucun rassemblement massif d'étoiles de mer *A. plancii* en train de se nourrir ni de signes d'explosions passées de la population sur aucun des sites étudiés.
- La menace ou perturbation la plus fréquemment notée sur les récifs étudiés provient des activités liées à la pêche ou au ramassage à marée basse qui ont été enregistrées sur 52,4% des sites évalués. Des déchets liés à la pêche ou à une autre activité anthropique ont été relevés sur 40% des sites étudiés, généralement sur les récifs les plus proches du rivage. Un envasement par un sédiment naturel terrigène a été relevé sur quatre sites de récifs frangeants soit 9,5% des récifs étudiés.

L'utilisation communautaire et la conservation des ressources marines

- Les habitants emploient un ensemble de techniques et d'outils allant du ramassage à la main d'animaux sur les récifs, à la pêche à la canne à partir de bateaux, extrayant une grande diversité d'espèces marines. Les espèces marines collectées comprennent les concombres de mer, les mollusques, les crustacés et plusieurs espèces de poissons. Les habitants notaient le déclin avec le temps de la plupart des populations d'espèces marines. Les tribus appliquent plusieurs techniques de gestion de l'environnement pour répondre au déclin constaté de l'abondance des espèces. Les règlements appliqués aux sites traditionnels tabous fournissent également une protection *de facto* à quelques endroits.
- La communauté était en faveur d'une réglementation accrue de l'utilisation des ressources aux niveaux tribal et institutionnel et soutiendrait les stratégies de gestion et de conservation, y compris la mise en place d'une aire protégée marine. Les tribus désireraient vivement être impliqués dans la planification et la gestion de l'aire protégée. Cependant, quelques personnes interrogées disaient souvent ignorer ou méconnaître les règlements environnementaux en vigueur. Améliorer l'éducation environnementale et renforcer les capacités s'avèreront essentiels pour une gestion efficace de ces récifs.

RECOMMANDATIONS EN MATIÈRE DE CONSERVATION

Les recommandations qui suivent sont liées entre elles et sont regroupées par activité. Cette liste ne prétend pas être exhaustive. Nous espérons que les informations présentées feront naître d'autres idées et actions, en particulier de la part des parties prenantes locales, pour la conservation de leur environnement.

1) Créer un réseau d'aires protégées et gérées marines. Sur la base des résultats, il est recommandé d'inclure toute la zone récifale étudiée dans un réseau d'aires protégées /gérées marines (APM/AGM) pour une protection et une gestion officielles. L'extraordinaire diversité biologique et la bonne santé des récifs étudiés justifient la candidature de cette zone à devenir un Site marin du patrimoine mondial. Le mont Panié représente en particulier une excellente occasion de conserver des espèces terrestres, d'eau douce et marines ainsi que leurs habitats dans le cadre d'un paysage intégré marin et terrestre. De plus, la mise en place d'une aire protégée marine à multiples usages, telle qu'elle est proposée, est possible sur le plan politique. Les tribus interrogées lors de cette étude sont en faveur d'un renforcement des lois tribales et gouvernementales en ce qui concerne l'utilisation et la conservation des ressources marines. La création et la mise en œuvre de ce réseau passent impérativement par l'implication continue des tribus et de toutes les parties prenantes locales lors de la planification, la mise en œuvre, la désignation et la gestion de toute aire protégée marine ou de n'importe quelle entité de gestion.

2) Intégrer les lois et les coutumes traditionnelles dans le plan d'APM/AGM : le savoir et les pratiques des populations locales doivent être exploités dans le cadre du schéma de gestion officiel. Bien qu'elles n'aient pas un caractère légal officiel, les pratiques traditionnelles d'utilisation des ressources marines et les mesures de conservation instituées par les tribus s'appliquent à certains sites de la région d'étude. Les résultats de cette étude mettent fortement en évidence l'efficacité de ces schémas locaux et traditionnels de gestion. Les connaissances traditionnelles qu'ont les tribus sur la mer, ainsi que l'entière implication des tribus sont des facteurs essentiels pour la réussite de la mise en œuvre et la création officielle de l'aire gérée marine et communautaire qui est proposée pour les récifs adjacents aux communes de Hienghène et de Pweevo (Pouébo). Les activités liées à cette recommandation pourraient inclure les suivantes (cette liste n'est pas exhaustive) : la reconnaissance officielle par le gouvernement et la désignation des sites tabous comme zones de non-prélèvement ; les autres sites récifaux autour des sites tabous pourraient être désignés comme des zones à usage réglementé par la tribu locale titulaire de la zone pour la plongée sous-marine ou pour l'extraction; la restriction de l'extraction (commerciale et non commerciale) aux tribus uniquement et le renforcement des valeurs et des lois traditionnelles par l'éducation au sein des tribus. Cette dernière activité s'applique également aux parties prenantes extérieures aux tribus et est développée ci-dessous dans les recommandations sur l'éducation et la sensibilisation.

3) Un statut de non-prélèvement ou de protection intégrale pour les sites présentant une biodiversité extraordinaire ou pour ceux connus ou considérés comme étant des sites de rassemblement pour le frai, des routes ou des corridors de migration, des sites de nidification, d'alimentation ou de croissance des petits. Plusieurs de ces sites font déjà partie des réserves tribales traditionnelles et des sites tabous. Il faut néanmoins mentionner spécifiquement ici les sites répondant à ces critères (c'est-à-dire les sites ou réserves tabous traditionnels qui présentent une diversité biologique extraordinaire ou une importance spéciale sur le plan écologique) sur la base de cette étude : il s'agit des sites 1, 2, 4, 7, 9, 16, 18, 21, 34 et 35. Il faut noter que l'étude ne couvrait qu'un échantillon de 42 sites et que d'autres sites répondant aux mêmes critères pourraient avoir été omis.

4) Collecte de données supplémentaires nécessaires à la planification systématique de conservation du milieu marin. Dans la lignée de la recommandation précédente, des données supplémentaires d'évaluation et de suivi sont nécessaires pour franchir les étapes d'une planification systématique de conservation du milieu marin. Il faut d'une part procéder à l'inventaire d'autres sites, et d'autre part évaluer de manière plus approfondie et plus exhaustive les stocks, sur une plus longue durée (cinq ans ou plus par exemple) afin d'estimer la situation des populations de poissons et de macro-invertébrés qui sont ciblés par l'exploitation. Les données présentées dans ce rapport se situent à une échelle spatiale et temporelle limitée. Pour les concombres de mer et les mollusques étudiés ici, il faudrait procéder à un inventaire sur d'autres sites de la zone d'étude et à plus grande profondeur (supérieure à 12 mètres). Il est recommandé d'évaluer en urgence les populations de trocas ; en effet les données sur l'extraction de cette espèce fournies par la Province Nord ainsi que les faibles densités de population enregistrées lors de cet inventaire indiquent que cette espèce pourrait être surexploitée. Il faudrait également procéder à l'inventaire d'autres habitats comme les mangroves et les lits d'herbes marines pour les poissons cibles et les autres espèces de préoccupation mondiale (telles que les tortues de mer et les dugongs). Il faudrait envisager d'interdire toute nouvelle extraction commerciale jusqu'à l'obtention de données suffisantes sur la biodiversité pour développer des protocoles de gestion adéquats des espèces ciblées par l'exploitation. La « santé » des habitats devrait également faire l'objet d'un suivi en appliquant les paramètres exposés dans le chapitre 4.

5) Développement d'un plan de gestion communautaire adaptable. Il faut développer un plan adaptable de gestion du milieu marin, qui se base sur les données disponibles et les évaluations supplémentaires, en particulier pour les espèces exploitées, et qui soit axé sur les communautés locales. L'association ou le groupe de travail responsable du développement et de la mise un œuvre de ce plan pourrait inclure des chercheurs de la Province Nord et des membres des tribus, des communes et des clans. Ce type d'association ou de groupe de travail faciliterait les échanges d'informations entre les scientifiques de la Province Nord et les tribus locales. Le groupe pourrait apporter son assistance pour la réglementation de la pêche, garantir l'application des lois, définir les périodes de fermeture et conseiller les chefs et le Conseil des anciens. Il pourrait promouvoir à la fois l'utilisation sensée des ressources et les opportunités économiques. Les plans de gestion doivent être conçus de manière à gérer durablement les ressources marines exploitées afin de garantir des populations saines de ces espèces tout en assurant les moyens d'existence des communautés. Nous proposons de définir des objectifs ou des directives sur 3-5 ans et de les ajuster et les inclure dans un plan de gestion flexible. Plusieurs références sont recommandées pour ces activités, comme l'ouvrage publié par l'UICN *How is your MPA doing?* et le réseau Locally Managed Marine Area (LMMA) (http://www.lmmanetwork.org/) .

6) Intégrer les aires gérées marines et les zones adjacentes d'eau douce et terrestres dans le cadre de pratiques de gestion et de conservation. Les efforts de protection et de gestion de la nature doivent être intégrés d'un système à l'autre pour des résultats de conservation optimaux. Comme nous l'avons indiqué auparavant, le Mont Panié représente une excellente occasion de conserver des espèces terrestres, d'eau douce et marine, ainsi que leurs habitats, au sein d'un paysage intégré terrestre et marin. Il faut tenter de promouvoir à tout prix des pratiques avisées d'utilisation de la terre et préserver les bassins versants. Sans contrôle des feux ni gestion du développement, les récifs pourraient être détruits plus rapidement par la sédimentation et la pollution que par la surexploitation. La sédimentation doit faire l'objet d'un suivi. Des règlementations supplémentaires et la mise à disponibilité de supports d'éducation sur ces mesures peuvent être envisagés. Ainsi par exemple, le développement du littoral (construction de bâtiments et de routes) devrait être réglementé afin de minimiser son impact et préserver la beauté du mont Panié et des zones voisines. D'autres habitats adjacents aux récifs coralliens, comme les mangroves, les estuaires et les lits d'herbes marines, doivent également être protégés.

7) Améliorer l'éducation et la sensibilisation environnementales : renforcer les capacités locales et promouvoir la participation communautaire dans la planification et la gestion de la conservation. D'autres actions sont proposées ici en renfort du rôle que pourrait jouer la communauté dans le développement d'un plan de gestion adaptable. L'éducation vise à renforcer les valeurs et les lois tribales traditionnelles ainsi que les lois officielles actuelles et en projet portant sur les espèces et les habitats. L'audience cible pour cette recommandation comprend les tribus, en particulier les chefs, les pêcheurs, les enfants, ainsi que toutes les parties prenantes locales. L'éducation des chefs de tribus à la conservation des ressources marines leur permettrait d'instituer à leur tour les lois ou les règles appropriées au sein de leurs propres tribus. La formation pourrait porter sur des sujets liés aux problèmes environnementaux et aux techniques de gestion tels que les suivants : espèces menacées et ce que représenterait leur disparition ; liens entre les milieux terrestre et marin (feux et érosion contribuant à la dégradation des récifs, etc.) ; réglementation sur la pêche (restrictions de taille, fermetures saisonnières, etc.) ; justifications de ces réglementations ; discussions sur les techniques traditionnelles de gestion et comment les maintenir et les renforcer (et dans certains cas, comment les rétablir). On pourrait envisager comment le gouvernement de la Province Nord pourrait soutenir les techniques de gestion traditionnelles. Des techniques et des moyens existent pour partager ce savoir avec d'autres membres de la tribu et d'une tribu à l'autre. Ceci constituerait de plus un autre terrain d'échange entre le gouvernement et les tribus locales, ce qui permettrait aux membres du gouvernement de la Province Nord d'en savoir davantage sur les pratiques traditionnelles locales de gestion du milieu marin.

Pour les membres d'âge scolaire, l'éducation environnementale pourrait faire partie du programme des écoles et être intégrée dans les sciences, la littérature ou les sciences sociales. Le guide de programme scolaire pourrait être développé par le gouvernement de la Province Nord ou par une autre organisation, en collaboration avec les tribus. Le contenu devrait inclure à la fois l'information scientifique et les connaissances traditionnelles (techniques de gestion, légendes, tabous, croyances, etc.).

Des livres sur l'environnement marin et la conservation du milieu marin devraient être mis à la disposition de toutes les parties prenantes. De nombreux membres des tribus ont montré un vif intérêt pour les livres utilisés lors de l'étude pour l'identification des espèces et ont demandé comment ils pouvaient y avoir accès. Si un local est ouvert pour la gestion de l'APM/AGM, il pourrait servir également de lieu de présentation de supports éducatifs (par exemple, guides d'identification des espèces et brochures sur les ressources marines). Des posters affichant l'information sur les règlements en vigueur pourraient être utiles (voir ci-dessous). Si un tel local ne pouvait être créé, on pourrait peut-être utiliser un emplacement dans les mairies de Hienghène et de Pweevo (Pouébo). L'existence de ces références doit être largement communiquée au sein de la communauté. Ne fournir qu'un ou deux ouvrages à chaque école locale serait déjà très utile.

8) Les lois et les règlements régissant les aires gérées marines sont clairement et largement communiquées. L'audience cible serait toutes les parties prenantes (au sein et en-dehors des tribus) ainsi que tous les visiteurs potentiels en provenance de la Nouvelle Calédonie et de l'étranger. Les lois et les règlements sur l'utilisation de l'aire gérée marine doivent être clairement exposées sur les brochures ou les posters et des cartes doivent montrer les limites des zones clés. Ainsi, les informations cartographiques pourraient inclure les frontières tribales, les zones de restriction de pêche (lorsqu'elles existent), les sites tabous, les réserves et d'autres informations importantes. La carte peut également montrer les limites de toute APM/AGM désignée par la Province Nord. Des brochures, des posters et des cartes produits par le gouvernement de la Province Nord pourraient être distribués dans les centres touristiques, les hôtels, les clubs de plongées, les centres culturels et autres.

9) Patrouilles pour l'application et le respect des lois et des règlements régissant les aires gérées marines. Malheureusement, quel que soit le niveau d'éducation, de sensibilisation ou de communication, le problème de respect des lois dans toute aire protégée ou gérée marine est inévitable. Il est recommandé de mettre en place des patrouilles marines et une surveillance marine exercée par des membres des tribus. Cette pratique pourrait être intégrée dans la mise en œuvre des aires protégées communautaires et devrait être réalisée en coopération avec d'autres institutions clés comme le gouvernement de la Province Nord. Il faudrait prévoir pour la mise en œuvre de l'équipement, une formation (dans le cadre de l'éducation et du renforcement des capacités, voir ci-dessus) et un appui financier. A condition d'avoir le financement requis, il faudrait prévoir de rémunérer les personnes en charge de la mise en application et du respect des lois afin de créer des emplois pour les membres de la tribu. D'autres mesures d'application des lois à plus grande échelle, qui dépassent les simples patrouilles en mer par les habitants locaux, doivent être développées par le gouvernement de la Province Nord et la Nouvelle Calédonie. Elles sont nécessaires compte tenu des avancées technologiques de la pêche et des défis croissants de l'application de la protection de l'océan, en particulier pour les récifs extérieurs.

10) Promotion et développement d'un tourisme marin orienté vers la conservation pour le bénéfice des communautés locales. Cette recommandation inclut plusieurs activités possibles comme la mise en place de bouées d'amarrage pour réduire les dégâts causés par les ancres, la formation d'habitants locaux à la plongée sous-marine pour devenir des guides de plongée et communiquer aux autres le savoir et les croyances traditionnels sur le milieu marin ou encore l'institution de droits payants de plongée pour financer l'entretien de l'aire gérée marine. D'autres sources de revenus pourraient être développés comme l'organisation de tours sur les récifs en masque et tuba et kayak ou la démonstration des méthodes traditionnelles de pêche et de fabrication de filets. La promotion et le développement du tourisme doivent être prudemment et consciencieusement planifiés, l'impact du tourisme sur l'environnement et les populations locales étant un facteur crucial.

REFERENCES

Andréfouët, S. et Torres-Pulliza, D. 2004 Atlas des récifs corallines de Nouvelle- Calédonie, IFRECOR Nouvelle- Calédonie, IRD, Nouméa, Avril 2004, 26p +22 planches

Chapitre 1

Scléractiniaires et organismes dominants de la zone Nord Est de la Nouvelle Calédonie

Pierre Laboute

RÉSUMÉ

- Un total de 279 espèces appartenant à 14 familles de scléractiniaires a été relevé. Ce total est à nuancer, surtout pour les Acroporidae et quelques Faviidae, pour lesquels il n'a pas été possible, le plus souvent, de différentier de nombreuses espèces indéterminées (sp.), d'un site à un autre. Compte tenu de cette remarque, le nombre de taxa réellement différencié doit être compris entre 181 et 210.

- La moyenne des espèces de scléractiniaires recensés par station s'établit à 38, 52, avec un écart type de 11, 85.

- Pour les scléractiniaires, les espèces nettement dominantes étaient représentées par ordre décroissant par : *Porites* cf. *lobata* *, *Favia rotumana, Galaxea fascicularis, Pocillopora damicornis, Stylophora mordax, Goniastrea retiformis, Pocillopora verrucosa, Pavona varians, Favites halicora, Leptastrea inequalis* et *Acropora* sp. 1.

- Les 10 stations les plus riches en scléractiniaires sont, par ordre décroissant : 35, 29, 8, 36, 40 bis, 41 bis, 11, 13, 23, 42. Les plus pauvres, par ordre croissant, sont : 41, 40, 39, 5, 6, 31, 27, 10, 28, 3.

- Le nombre de taxa des sléractiniaires est nettement moins important que celui estimé sur l'ensemble de la Nouvelle Calédonie. Cela tient essentiellement au nombre de faciès assez réduit sur cette zone et sans doute aussi au manque de temps qui ne nous a pas permis d'explorer les rares zones intermédiaires sédimentaires dépourvues de grandes constructions coralliennes. Ces observations ayant été faîtes sans prélèvement d'échantillons pour étude en laboratoire, il est bien évident aussi que cette évaluation ne peut être considérée comme complète et définitive.

- Pour les autres groupes, dénommés « Divers », les recensements effectués ne sont que très partiels et marginaux : microbialithes, algues, phanérogames marines, éponges, hydraires, millépores, stylasters, octocoralliaires, actiniaires, corallimorphes, zoanthaires, antipathaires, vers, mollusques, crustacés, bryozoaires, échinodermes, ascidies et serpents marins.

- Un total de 212 organismes, dénommés **Divers**, a été relevé, appartenant à 19 groupes et représentant 100 familles.

INTRODUCTION

Depuis octobre 1997, Conservation International mène à bien une série de Programmes d'Evaluation Rapide (PER Marin) visant à étudier la faune des récifs coralliens.

**Porites* cf. *lobata*, peut comprendre plusieurs espèces (*lobata, australiensis, lutea*)

Le lagon et les récifs de la Nouvelle Calédonie n'ont jamais fait l'objet d'une étude exhaustive visant à établir un inventaire complet des sléractiniaires. Seuls, quelques inventaires limités dans l'espace et dans le temps ont été réalisés et quelques espèces décrites. Wells, 1950/55, Chevalier, 1962/68, Wijsman-Best, 1972, Faure, 1978, Pichon, 1980/2000. Certaines études n'ont pas encore été publiées.

En dehors des madrépores, et suite à de nombreuses récoltes d'organismes marins à des fins pharmacologiques, plusieurs Faunes Marines de la Nouvelle Calédonie ont été publiées par l'ORSTOM. Il s'agit des Echinodermes (216 espèces sur 350 estimées), des Eponges (105 espèces sur 600 estimées), des Ascidies (environ 100 espèces sur 300 estimées), des Gorgones (110 espèces, sur 140 estimées) et des Serpents marins (avec treize espèces).
Plusieurs ouvrages de vulgarisation, mais de bonne tenue scientifique sont: Poissons de Nouvelle Calédonie et des Nouvelles-Hébrides (800 espèces) (Fourmanoir et Laboute, 1976); Poissons de Nouvelle-Calédonie (1000 espèces) (Laboute et Grandperrin, 2000); Lagons et Récifs de Nouvelle Calédonie (1600 espèces) (Laboute et Richer de Forges, 2004).

La côte Nord-Est de la Nouvelle Calédonie et plus précisément la zone du Mont Panié, objet de cette étude par Conservation Internanional, peut-être considérée comme étant l'une des zones côtières parmi les moins affectées par la présence humaine.

Les résultats de cette étude ne pourront être comparés à ceux de l'ensemble de la Nouvelle Calédonie pour les raisons suivantes :

- différence de température entre les régions Nord et Sud qui dépassent les deux degrés centigrades
- différence faunistique entre la côte Est et la côte Ouest
- différence morphologiques des pentes externes Est et Ouest
- faible distance entre la côte et le récf-barrière
- absence de grandes plaines sédimentaires comme il en existe dans le lagon Nord, le lagon Sud-Ouest et le lagon Sud
- mangroves beaucoup moins développées au pied du Mont Panié et sur la côte Est, en général, que sur l'ensemble de la côte Ouest où les plaines sont nettement plus larges

MÉTHODOLOGIES

Cette évaluation rapide présente les premières données sur les scléractiniaires et les principaux organismes observés sur 42 stations réparties sur la côte Nord-Est de la Nouvelle Calédonie le long du Mont Panié. Elle a été réalisée conjointement par Conservation International et le Service de l'Environnement de la Province Nord entre le 25 novembre et le 15 décembre 2004. (Les sites 40 et 41 ont portés sur deux zones complètement distinctes et deux stations ont été rajoutées, 40 bis et 41 bis). La grande majorité des sites visités concernait les récifs coralliens construits : pentes externes, fronts récifaux, pentes internes, bordures de passes, récifs intermédiaires et/ou d'îlots et récifs frangeants.

Sur chacun des sites (à l'exception des sites 1, 40 et 41), un transect a été effectué, en scaphandre autonome, à l'aide d'un ruban métré de 50 mètres. Les recensements ont été réalisés le long du ruban sur un mètre de largeur de part et d'autre de 0 à 10, 20, 30, 40 ou 50 m selon l'abondance de la biodiversité. En effet, dans les zones les moins diversifiées, il suffisait d'une trentaine de minutes pour inventorier la grande majorité des organismes marins, alors que dans les zones les plus riches, il a fallu 120 minutes pour inventorier 7 m x 2 = 14 m^2 et cela à 85/90% en ne tenant compte que des seuls scléractiniaires. Les profondeurs variaient en fonction des sites, entre 1 m et 58 m. Sur les 42 sites, trois d'entre eux n'ont fait l'objet que d'un seul parcours aléatoire d'une durée d'environ 70 minutes. Il semble bien qu'avec cette méthode le nombre de taxa des scléractiniaires ait augmenté sensiblement.

L'étude des transects et des parcours aléatoires a été complétée par des images vidéo et des photographies (20 mm et 60 mm).

RÉSULTATS

Un total de 591 espèces, tous groupes confondus, a été recensé sur l'ensemble des 42 sites.

La diversité des scléractiniaires du Nord-Est de la Nouvelle Calédonie est assez conforme à ce que nous pensions. Elle représente environ un peu moins de 70 % des espèces présentes sur l'ensemble de la Nouvelle Calédonie. Les familles de sléractiniaires les mieux représentées sont les Poritidae, les Faviidae, les Acroporidae et les Pocilloporidae.

Le recensement des organismes autres que les scléractiniaires ne peut-être que très marginal pour les raisons suivantes :

- le recensement des seuls scléractiniaires ne permettait pas, le plus souvent, trop d'inattention pour recenser en détail les autres organismes.
- la grande majorité des mollusques, des crustacés et quelques échinodermes et actiniaires sont nocturnes et aucune plongée de nuit n'a été réalisée
- les zones sédimentaires et/ou détritiques n'ont été que très rarement visitées

Parmi les organismes divers, ce sont les alcyonaires de la famille des Alcyoniidae qui ont été les plus nombreux et les plus fréquents sur l'ensemble de la zone.

Tableau 1. Composition taxonomique des espèces de scléractiniaires observés dans la zone Nord-Est de la Nouvelle Calédonie.

FAMILLES	GENRES	ESPECES
Astrocoeniidae	*Stylocoeniella*	*guentheri*
Pocilloporidae	*Pocillopora*	*damicornis*
		eydouxi
		cf. *meandrina*
		verrucosa
		sp.
	Seriatopora	*caliendrum*
		histrix
	Stylophora	cf. *mordax* et/ ou *pistillata*
Acroporidae	*Montipora*	*dannae*
		digitata
		spummosa
		verrucosa
		cf. *efflorescens*
		cf. *foveolata*
		cf. *tuberculosa*
		cf. *undata*
		cf. *venosa*
		sp. 1
		sp. 2
		sp.3
		sp. 4
	Acropora	cf. *aculeus*
	Acropora	cf. *aspera*
	Acropora	*cuneata*
	Acropora	cf. *cytherea*
	Acropora	*florida*
	Acropora	cf. *formosa*
	Acropora	cf. *gemmifera*
	Acropora	*grandis*
	Acropora	*humilis*
	Acropora	*millepora*
	Acropora	*monticulosa*
	Acropora	*palifera*
	Acropora	*robusta*
	Acropora	cf. *samoensis*
	Acrpora	cf. *valenciennesi*
	Acropora	cf. *valida*
	Acropora	cf. *verweyi*
	Acropora	sp. 1
	Acropora	sp.2
	Acropora	sp.3
	Acropora	sp.4
	Acropora	sp. 5
	Acropora	sp. 6
	Acropora	sp.7
	Acorpora	sp. 8
	Astreopora	cf. *listeri*
	Astreopora	*moretonensis* ?
	Astreopora	*myriophthalma*
		sp.
Poritidae	*Porites*	*annae*
	Porites	cf. *lobata* (ou autres ?)
		cylindrica
	Porites	*lichen*
	Porites	*nigrescens*
	Porites	*rus*
	Porites	cf. *vaughani*
	Porites	sp. 1
	Porites	sp. 2
	Porites	sp. 3
	Porites	sp. 4
	Porites	*catalai*
	Alveopora	sp. 1
	Alveopora	sp. 2
	Alveopora	
Siderastreidae	*Psammocora*	*digitata*
	Psammocora	*contigua*
	Psammocora	*superficialis*
	Coscinaraea	*columna*
Agariciidae	*Pavona*	*cactus*
	Pavona	*clavus*
	Pavona	*decussata*
Agariciidae	*Pavona*	*explanulata*
	Pavona	*varians*
	Leptoseris	*explanata*
	Leptoseris	*mycetoseroides*
	Gardineroseris	*planulata*
	Coeloseris	*mayeri*
	Pachyseris	*speciosa*

FAMILLES	GENRES	ESPECES
	Pachyseris	*rugosa*
Fungiidae	*Heliofungia*	*actiniformis*
	Fungia	*molluccensis*
	Fungia	*repanda*
	Fungia	*scutaria*
	Fungia	sp. 1
	Fungia	sp.2
	Fungia	sp.3
	Fungia	sp.4
	Ctenactis	*echinata*
	Ctenactis	*simplex* ?
	Herpolitha	*limax*
	Polyphyllia	*talpina*
	Sandalolitha	*robusta*
Oculinidae	*Galaxea*	*astreata*
	Galaxea	*fascicularis*
	Acrhelia	*horrescens*
Pectiniidae	*Echinophyllia*	*aspera*
	Echinophyllia	*orpheensis*
	Oxypora	*lacera*
	Oxypora	*glabra*
	Mycedium	*elephanthotus*
	Pectinia	*lactuca*
	Pectinia	*alcicornis*
	Pectinia	cf. *paeonia*
Mussidae	*Blastomussa*	*merleti*
	Scolymia	*vitiensis*
	Scolymia	sp.
	Acanthastrea	*echinata*
	Acanthastrea	sp.
	Lobophyllia	*corymbosa*
	Lobophyllia	*hataii*
	Lobophyllia	*hemprichii*
	Lobophyllia	sp.
	Symphyllia	*radians*
	Symphyllia	*recta*
Merulinidae	*Hydnophora*	*exesa*
	Hydnophora	*microconos*
	Hydnophora	*rigida*
	Merulina	*ampliata*
	Scapophyllia	*cylindrica*

FAMILLES	GENRES	ESPECES
Faviidae	*Favia*	*complanata*
	Favia	*favus*
	Favia	cf. *lizardensis*
	Favia	*maritima*
	Favia	cf. *pallida*
	Favia	*rotumana*
	Favia	*rotundata*
	Favia	*stelligera*
	Favia	sp. 1
	Favia	sp. 2
	Favia	sp. 3
	Favia	sp. 4
	Barabattoia	*amicorum*
	Favites	*abdita*
	Favites	cf. *flexuosa*
	Favites	*halicora*
	Favites	cf. *russelli*
	Favites	sp. 1
	Favites	sp. 2
	Goniastrea	*australensis*
	Goniastrea	cf. *palauensis*
	Goniastrea	*pectinata*
	Goniastrea	*retiformis*
	Goniastrea	sp. 1
	Goniastrea	sp. 2
	Platygyra	*daedalea*
	Platygyra	*lamellina*
	Platygyra	cf. *pini*
	Platygyra	*sinensis*
	Oulophyllia	cf. *bennettae*
	Leptoria	*phrygia*
	Montastrea	*curta*
	Montastrea	cf. *annuligera* ?
	Montastrea	*magnistellata*
	Montastrea	sp.
	Plesiastrea ?	cf. *versipora*
	Diploastrea	*heliopora*
	Leptastrea	*inequalis*
	Leptastrea	sp. 1
	Leptastrea	sp. 2
	Cyphastrea	*japonica*

FAMILLES	GENRES	ESPECES
	Cyphastrea	cf. *microphthalma*
	Cyphastrea	sp. 1 (cf. *serailia*)
	Cyphastrea	sp.2
	Echinopora	*horrida*
	Echinopora	*lamellosa*
	Echinopora	*gemmacea*
	Echinopora	*mammiformis*
Caryophylliidae	*Euphyllia*	*ancora*
	Euphyllia	cf. *cristata*
	Euphyllia	cf. *divisa*
	Plerogyra	*sinuosa*
	Physogyra	*lichtensteini*
Dendrophylliidae	*Turbinaria*	cf. *frondens*
	Turbinaria	*mesenterina*
Dendrophylliidae	*Turbinaria*	cf. *peltata*
	Turbinaria	*reniformis*
	Turbinaria	sp.
	Tubastrea	*micrantha*
	Tubastrea	cf. *aureus*

Tableau 3. Liste des dix meilleurs sites pour le nombre d'espèces de scléractiniaires de la région du Nord Est de la Nouvelle Calédonie.

Site	Emplacement	Nombre d'espèces
29	Pente externe	62
35	Récif frangeant	60
41 bis	Récif frangeant	57
8	Pente interne	54
36	Récif lagon	54
40 bis	Récif côtier	53
11	Récif d'îlot sous le vent	51
23	Récif cf. passe	49
	Pente interne (récifs isolés)	48
22/26/33/42	Récif côtier	48

Tableau 2. Nombre total d'espèces de scléractiniaires recensées sur chaque site du Nord Est de la Nouvelle Calédonie

Sites	Nombre d'espèces	Sites	Nombre d'espèces	Sites	Nombre d'espèces
1 parcours aléatoire sans comptage	39	**16** Transect 20 m²	46	**31** Transect de 100 m²	24
2 Transect 20 m²	44	**17** Transect 100 m²	33	**32** Transect 100 m²	37
3 Transect 100 m²	28	**18** Transect 100 m²	45	**33** Transect 80 m²	48
4 Transect 20 m²	40	**19** transect 100 m²	36	**34** Transect 20 m²	40
5 Transect 100 m²	20	**20** Transect 60 m²	46	**35** Transect 14 m²	60
6 Transect 26 m²	22	**21** Transect 20 m²	47	**36** Transect 100 m²	54
7 Transect 100 m²	35	**22** Transect 80 m²	48	**37** Transect 60 m²	31
8 Transect 60 m²	54	**23** Transect 100 m²	49	**38** Parcours aléatoire 60'	41
9 Transect 20 m²	41	**24** Parcours aléatoire 45'	44	**39** Transect 100 m²	14
10 Transect 100 m²	24	**25** Transect 100 m²	33	**40** Parcours aléatoire	14
11Transect 60 m²	51	**26** Transect 100 m²	48	**40 bis** Parcours aléatoire	53
12 Transect 20 m²	34	**27**Transect de 40 m²	24	**41** Parcours aléatoire	15
13 Transect de 60 m²	46	**28** Transect 60 m²	<26	**41 bis** Parcours aléatoire	57
14 Transect 100 m²	42	**29** Transect 40 m²	62	**42** Transect 20 m²	48
15 Transect 20 m²	38	**30** Transect 40 m²	43		

Tableau 4. Liste des dix sites les plus pauvres pour le nombre d'espèces en scléractiniaires de la région du Nord Est de la Nouvelle Calédonie.

Site	Emplacement	Nombres d'espèces
39	Chenal	14
40	Chenal	14
41	Récif lagon	15
5	Récif d'îlot sous le vent	20
6	Pente interne	22
10	Lagon enfermé sue récif barrière	24
27	Récif de terre (passe)	24
31	Récif intermédiaire (lagon)	24
28	Récif frangeant	26
3	Pente interne	28

Tableau 5. Composition taxonomique des autres organismes marins observés dans la zone Nord-Est de la Nouvelle Calédonie

Groupe	Famille	Genre	Espèce
Algues	Bonnemaisonniaceae	*Asparagopsis*	sp. (*armata* ou *taxifolia*)
			taxifolia
	Caulerpaceae	*Caulerpa*	*mammillosum*
	Codiaceae	*Codium*	*oligospora*
	Dasycladaceae	*Bornetella*	*van bosseae*
		Neomeris	sp.
	Dictyotaceae	*Dictyota*	*variegata*
		Lobophora	*hawaiiensis*
	Dumontiaceae	*Dudresnaya*	cf. *fragilis*
	Galaxauraceae	*Actinotrichia*	sp.
		Galaxaura	*obtusata*
	Gracilariaceae	*Melanthalia*	*cylindradracea*
	Halimedaceae	*Halimeda*	*discoidea*
			cf. *gigas*
			incrassata
			sp. 1
			requienii
	Liagoraceae	*Trichogloea*	cf. *orientalis*
	Udoteaceae	*Udotea*	cf. *ornata*
	Sargassaceae	*Turbinaria*	
Phanérogames	Cymodoceaceae	*Cymodocea*	*Rotundata*
		Halodule	*uninervis*
		Syringodium	*isoetifolium*
	Hydrocharitaceae	*Halophila*	*ovalis*
			sp.

Groupe	Famille	Genre	Espèce
Eponges	Ancorinidae Aplysinellidae	*Stelletta*	*globostelleta*
	Axinellidae	*Pseudoceratina*	*verrucosa*
		Axinella	*carteri*
	Chalinidae	*Cymbastella*	*concentrica*
	Clionidae	*Haliclona*	*olivacea*
		Cliona	cf. *jullieni*
	Crellidae		*orientalis*
	Desmacellidae	*Crella*	*papillata*
	Dysideidae	*Neofibularia*	*hartmani*
	Lophonidae	*Dysidea*	*herbacea*
	Microcionidae	*Acarnus*	*caledoniensis*
	Niphatidae	*Clathria*	cf. *rugosa*
	Oceanopiidae	*Gellioides*	*fibulata*
	Petrosiidae	*Oceanapia*	*sagittaria*
	Spirastrellidae	*Xestospongia*	*exigua*
	Spongiidae	*Spirastrella*	cf. *vagabunda*
	Tetillidae	*Coscinoderma*	*mathewsi*
	Thorectidae	*Cynachira*	sp.
		Ircinia	sp.
Hydraires	Plumulariidae	*Lytocarpia*	*Incisa*
	Solanderiidae	*Solanderia*	sp.
Millépores	Milleporidae	*Millepora*	*Platyphylla*
		Millepora	*tenella*
Stylasters	Stylasteridae	*Distichopora*	*violacea*
Octocoralliaires	Acanthogorgiidae	*Acanthogorgia*	sp.
	Alcyoniidae	*Sinularia*	sp. 1
		Sinularia	sp. 2
		Sinularia	sp. 3
		Cladiella	sp. 1
		Klyxum	sp. 1
		Rhytisma	sp. 1
		Sarcophyton	sp. 1
		Sarcophyton	sp. 2
		Sarcophyton	sp. 3
		Lobophytum	sp. 1
		Lobophytum	sp. 2
		Lobophytum	sp. 3
	Briareidae	*Briareus*	*stechei*
	Clavulariidae	*Clavularia*	sp.
	Ellisellidae	*Junceella*	*juncea*
		Ellisella	*plexaurides*

Groupe	Famille	Genre	Espèce
	Gorgoniidae	*Rhumphella*	*agregatta*
	Melithaeidae	*Melithaea*	*ochracea*
	Nephtheidae	*Dendronephthya*	sp. 1
			sp. 2
		Nephthea	sp. 1
			sp. 2
	Nidalidae	*Nephthygorgia*	sp. 1
	Plexauridae	*Acanthogorgia*	sp.
		Echinogorgia	*noumea*
	Subergorgiidae	*Annella*	*mollis*
			reticulata
	Tubiporidae	*Tubipora*	*musica*
	Veretillidae	*Cavernularia*	cf. *obesa*
		Cavernularia	sp.
	Virgulariidae	*Virgularia*	sp.
	Xenidae	*Xenia*	cf. *membranacea*
		Xenia	sp.
Actiniaires	Actiniidae	*Actinodendron*	*glomeratum*
	Nemanthidae	*Nemanthus*	*nitidus*
	Stychodactylidae	*Heteractis*	sp.
Coarallimorphes	Actinodiscidae	*Amplexidiscus*	*fenestrafer*
		Discosoma	cf. *rhodostoma*
Zoanthaires	Zoanthidae	*Palithoa*	sp.
		Zoanthus	sp.
Antipathaires	Antipathidae		
Vers	Eunicidae	*Euniphyssa*	*Tubifex*
	Pseudocerotidae	*Pseudoceros*	cf.
	Serpulidae		
	Sabellidae		
Mollusques	Arcidae	*Arca*	cf. *ventricosa*
	Chromodorididae	*Risbecia*	*godeffroyana*
	Conidae	*Conus*	
	Cypraeidae	*Cypraea*	*tigris*
	Isognomonidae	*Isognomon*	*isognomon*
	Lamellariidae	indéterminé	/
	Muricidae	*Chicoreus*	
	Ovulidae	*Calpurnus*	*verrucosus*
		indéterminé	/
	Phyllidiidae	*Phyllidiella*	*pustulosa*
	Pinnidae	*Atrina*	*vexillum*

Groupe	Famille	Genre	Espèce
			spondyloideum
		Pedum	
	Placunidae	*Pinctada*	*maculata*
	Pteridae		*margaritifera*
	Strombidae	*Strombus*	*thersites*
		Lambis	sp.
	Tridacnidae	*Tridacna*	*crocea*
			derasa
			maxima
			squamosa
	Trochidae	*Trochus*	*niloticus*
	Vasidae	*Vasum*	sp.
	Volutidae	*Cymbiola*	*deshayesi*
Crustacés	Callianassidae	/	/
	Diogenidae	*Dardanus*	*megistos*
	Lysiosquillinidae	*Lysiosquillina*	sp.
Bryozoaires	Phidoliporidae	*Reteporellina*	sp.
Echinodermes	Comasteridae	*Comanthus*	*bennetti*
			parvicirrus
		Comatella	*nigra*
		Comaster	*multifidus*
	Crinoide	Indéterminé	/
	Diadematidae	*Diadema*	*setosum*
		Echinothrix	*calamaris*
	Echinasteridae	*Echinaster*	*varicolor*
	Echinometridae	*Echinometra*	*mathaei*
		Echinostrephus	*aciculatus*
	Holothuriidae	*Bohadschia*	*argus*
		Holothuria	*atra*
		Holothuria	*edulis*
		Holothuria	*fuscogilva*
		Holothuria	*fuscopunctata*
		Holothuria	*nobilis*
	Ophidiasteridae	*Celerina*	*heffernani*
		Fromia	*pacifica*
		Linckia	*laevigata*
			multifora
	Ophiocomidae	*Ophiomastix*	*caryophyllata*
	Oreasteridae	*Culcita*	*novaeguineae*
	Stichopodidae	*Stichopus*	*chloronotus*
			variegatus

Groupe	Famille	Genre	Espèce
		Thelenota	*ananas*
			anax
Ascidies	Polycitoridae	*Clavelina*	*flava*
	Polyclinidae	*Pseudodistoma*	*arborescens*
Serpents marins	Hydrophiidae	*Acalyptophis*	*Peroni*
		Hydrophis	*coggeri*
Tortues marines	Cheloniidae	*Chelonia*	*mydas*

Site 1 (Parcours aléatoire)
Description générale et taux de recouvrement

Plateau corallien de la pente externe, situé entre 10 et 20 m de profondeur avec une pente générale d'environ 20°. Ce plateau est constitué de blocs pentamétriques « cassés » formant de profonds et étroits sillons (2 à 3 m de largeur pour 6 à 9 m de profondeur).
Le taux de recouvrement par les organismes vivants est estimé à 50/60%. Les Octocoralliaires à eux seuls en représentent plus de la moitié (25 à 35%) et sont surtout constitués par la famille des Alcyoniidae avec : *Lobophytum* 4 espèces, *Sinularia* 3 espèces, *Sarcophyton* 2 espèces (dont une marginale).
On trouve aussi deux représentants des Nephtheidae, avec : *Nephthea* 1 espèce, *Lithophyton* 1 espèce, ainsi qu'une gorgone *Annella mollis*.

Site 2 (Transect de 1x 10 m = 10 m²)

Description générale et taux de recouvrement

Pente externe avec une rupture de pente brutale à 80/90° de 8 à 13 m. Ensuite on trouve une plateforme, inclinée à seulement 15/20° sur laquelle se terminent les éperons et les sillons qui s'évasent pour se terminer sur un fond de sable grossier avec éboulis à 20/21 m.
Le transect est effectué entre 13 et 15 m de profondeur et disposé parallèlement au récif.
Le taux de recouvrement par les organismes vivants est estimé à 70/80 %, dont 50 à 60 % pour les scléractiniaires. Le reste étant occupé par des octocoralliaires.

Espèces complémentaires observées hors transect

Scléractiniaires : *Montipora spumosa*, Acropora *grandis*, *Acropora* cf. *vaughani*, *Pachyseris rugosa*, *Fungia* sp. 2, *Oxypora lacera*, *Pectinia lactuca*, *Merulina ampliata*, *Favia stelligera*, *Goniastrea* sp. 3, *Platygyra daedalea*, *Cyphastrea* cf. *microphthalma*, *Echinopora* lamellose, *Echinopora* cf. *gemmacea*, *Turbinaria reniformis*.

Divers : *Lobophytum* sp. 4, *Lobophytum* sp.5, *Annella mollis*, *Cirrhipathes anguinus*, *Comanthus bennetti*, *Comatella nigra*, *Comaster multifidus*, *Actinopyga miliaris*.

Site 3 (Transect 2 x 50 m = 100 m²)

Description générale et taux de recouvrement
Pente interne avec fond de sable et gros débris coralliens recouverts de cyanobactéries et de gazon d'algues. Les sédiments semblent être soumis à un brassage quasi permanent.
Le taux de recouvrement par les espèces vivantes se situe aux environs de 5 à 8 %. Les scléractiniaires ainsi que les oursins *Echinometra mathaei* et quelques algues sont les seuls organismes vivants.

Espèces complémentaires observées hors transect

Scléractiniaires : *Acropora millepora*, *Lobophyllia corymbosa*, *Symphyllia recta*, *Galaxea fascicularis*, *Favites* cf. *flexuosa*.

Divers : *Lobophytum* sp., *Sinularia* sp., *Odondactylus scyllarus*

Site 4 (Transect 2 x 10 m = 20 m²)

Description générale et taux de recouvrement

Bordure de passe. Fond plat avec petits débris coralliens recouverts, par place, de cyanobactéries de couleur rouge orangé. On y trouve de gros pinacles de 4 à 5 m de hauteur, assez espacés les uns des autres et sur lesquels se concentre la majorité des organismes vivants. Au milieu des débris, on note la présence de quelques scléractiniaires isolés ainsi que holothuries (*Bohadschia argus*, *Thelenota ananas*).
Sur le fond à débris coralliens le taux de recouvrement n'excède pas 2 à 3 %.

Sur les pinacles le taux de recouvrement varie de 30 à 50 % avec essentiellement des scléractiniaires, dont quelques 3 à 5 % d'alcyonaires.

Espèces complémentaires observées hors transect

Scléractiniaires : *Acropora florida, Acropora* cf. *grandis, Acropora palifera, Pachyseris speciosa, Acanthastrea* sp. 2, *Echinophyllia aspera, Echinopora horrida, Echinopora* cf.*gemmacea.*

Site 5 (Transect 2 x 50 m = 100 m^2)

Description générale et taux de recouvrement

Le fond, assez plat, est constitué de sable grossier et de pinacles coralliens, espacés les uns des autres et assez bas, moins d'un mètre, ou plus rarement de deux à trois mètres de hauteur. Le transect est réalisé parallèlement à 7/8 mètres au large du récif de l'îlot, par 13 à 13, 8 m de profondeur. Le sable est quasiment nu, mais la faune endogée y semble importante avec notamment de nombreux Callianassidae. Les pinacles, érodés, sont principalement colonisés par des scléractiniaires, des octocoralliaires et des éponges.

Sur l'ensemble du site, le taux de recouvrement varie de 5 à 15 %.

Site 6 (Transect 2 x 13 m = 26 m^2)

Description générale et taux de recouvrement

Fond plat avec sable blanc dans lequel vivent de nombreux hétérocongres (*H . hassi*) et des Gobiidae. Sur quelques zones, le sable est envahi par de nombreux crustacés fouisseurs (Callianassidae). L'essentiel des organismes vivants a colonisé les rares et gros pinacles du site. Le transect est réalisé sur un seul pinacle, depuis sa base jusqu'à la base opposée en passant par le sommet, entre 11, 2 m et 15, 6 m de profondeur. Aucun autre pinacle n'est présent dans la direction nord sur les 37 mètres restants.

Sur le sable, le taux de recouvrement par les organismes vivants est inférieur à 1 %, alors que le sous-sol laisse deviner une biomasse Callianassidae (crustacés) assez importante par place. Sur le seul grand pinacle corallien du transect, le taux de recouvrement par les organismes vivants se situe aux environs de 30 à 35 %, avec 20 à 25 % de scléractiniaires et 10 à 15 % d'alcyonaires.

Espèces complémentaires observées hors transect

Scléractiniaires : *Pocillopora damicornis, Merulina ampliata, Platygyra pini, Turbinaria peltata.*

Divers : *Dendronephthya* sp. 2, *Comanthus parvicirrus, Holothuria* (*Microthele*) *nobilis, Thelenota ananas.*

Site 7 (Transect 2 x 50 m = 100 m^2)

Description générale et taux de recouvrement

Le transect est réalisé à quelques mètres au-delà de la fin du récif situé sous le vent de l'îlot. Fond plat avec sable grossier et coquiller, comportant une succession de récifs érodés et morcelés. Un peu partout, on note quelques touffes de cyanobactéries.

Le taux de recouvrement par les organismes vivants est de 25 à 30 % sur les seuls substrats durs.

Espèces complémentaires observées hors transect

Scléractiniaires : *Acropora florida, Psammocora digitata, Coscinarea columna, Achrelia horrescens, Pectinia lactuca, Physogyra lichtensteini, Turbinaria reniformis.*
Divers : *Cliona orientalis, Holothuria* (*Halodeima*) *edulis, Holothuria* (*Halodeima*) *atra, Holothuria* (*Microthele*) *fuscopunctata, Bohadschia graeffei.*

Site 8 (transect 2 x 30 = 60 m^2)

Description générale et taux de recouvrement

Au large du récif frangeant les fonds de 11/12 m sont sableux avec des pinacles coralliens, souvent recouverts en abondance par des algues calcifiées du genre *Halimeda*. De nombreuses algues rouges du genre du genre *Galaxaura* sont omniprésentes. Les scléractiniaires sciaphiles (*Pachyseris speciosa*) sont nombreux et forment de grandes colonies.La pente s'incline vers le large avec une faible pente d'environ 25°. En remontant vers le récif, on trouve aux environs de 9 m le bas d'une pente quasi abrupte à 85 à 90° jusqu'à l'isobathe de 4, 50 m. C'est le niveau de la rupture de pente qui forme un arrondi, puis se poursuit jusqu'au platier par une pente inclinée à 15 à 20°.

Le taux de recouvrement du platier et de part et d'autre de la rupture de pente avoisinent les 70/75 %. Sur le pente des fonds de 9 à 12 m, ce pourcentage tombe presque brutalement à 35/40 %.

Site 9 (Transect 2 x 10 = 20 m^2, uniquement de la base d'un gros pinacle jusqu'à son sommet)

Description générale et taux de recouvrement

Zone sous le vent d'un îlot avec de gros pinacles érodés à dôme arrondi et séparés par des vallées de sable.

Le taux de recouvrement est voisin de 40 à 50 % sur le dôme et seulement de 25 à 30 % sur les flancs. L'essentiel des organismes vivants est représenté par les scléractiniaires, suivi par des octocoralliaires, dont quelques gorgones abritées sous des voûtes et des tunnels.

Espèces complémentaires observées hors transect

Scléractiniaires : *Montipora* sp. 2, *Pachyseris rugosa, Ctenactis* *echinata,Echinophyllia aspera, Pectinia lactuca, Scolymia vitiensis, Lobophyllia* sp. *Hydnophora exesa, Hydnophora verrucosa, Favia favus, Physogyra lihctensteini.*

Divers : *Leucetta chagosensis, Millepora platyphyllia, Millepora tenella, Clavularia* sp., *Lobophytum* sp. 4, *Lobophytum* sp. 5, *Dendronephthya* sp. 3(***), *Annella mollis, Melithaea ochracea, Rhumphella agregata, Astrogorgia begata, Antipathes* sp., *Chromodoris elisabethina, Phyllidia coelestis, Tricdacna squamosa, Comantheria briareus, Linckia multifora, Holothuria (Halodeima) edulis, Bohadschia argus.*

Site 10 (Transect 2 x 50 m = 100 m^2)

Description générale et taux de recouvrement

Fond plat de débris coralliens très grossiers et recouverts de cyanobactéries avec quelques pinacles sur lesquels se trouve l'essentiel des organismes vivants. Quelques algues sont parfois assez abondantes : *Bornetella oligospora, Halimeda cylindracea, Lobophora variegata, Codium mamillosum.*

Le taux de recouvrement par les organismes vivant ne dépasse pas 5 % sur l'ensemble du site. Ces organismes, essentiellement scléractiniaires et octocoralliaires, sont concentrés sur les pinacles.

Site 11 (Transect 2 x 30 m = 60 m^2)

Description générale et taux de recouvrement

Récif situé sous le vent d'un îlot, formant un épi qui se termine en direction du sud ouest.

Le taux de recouvrement sur la partie haute est estimé à 40/50 % avec autant de sléractiniaires que d'octocoralliaires. Les parois, plus ou moins verticales, entre 4 et 11 m, n'ont plus que 25 à 30 % de recouvrement. A partir de 19 m, où se trouvent le sable et les débris coralliensle taux de recouvrement ne dépasse pas les 2 %. On note la présence, assez importante, cyanobactéries jaunes.

Site 12 (Transect 2 x 10 m = 20 m^2)

Description générale et taux de recouvrement

Cette portion de pente externe, l'une des plus proche de la côte et située entre les deux grosses rivières la Hienghène et la Ouaième subie de toutes évidences l'influence de fortes arrivées d'eau douce. En effet, malgré une exposition vers le large, la pente externe ne comporte que très peu de scléractiniaires et beaucoup d'entre eux subissent de nombreux arrêts de croissances. Le taux de recouvrement par les scléractiniaires et les octocoralliaires est estimé entre 3 et 6 %, au lieu des 70 à 80 % habituellement.

Espèces complémentaires observées hors transect

Scléractiniaires : *Stylophora mordax, Montipora dannae, Acropora formosa, Fungia scutaria.*

Divers : *Neomeris van-bossae, Lobophora variegata, Millepora platyphylla, Tubipora musica, Briareus stechei.*

Site 13 (Transect 2 x 30 = 60 m^2)

Description générale et taux de recouvrement

Récif corallien, côté sous le vent, proche de la rivière Ouaième. Le plateau corallien s'incline vers le nord-ouest entre 1 et 3, 6 m, où se situe une rupture brutale avec une pente à 80°. Celle-ci s'arrête sur une zone d'éboulis coralliens avec quelques constructions coralliennes éparses à 15 /16 m. Au-delà, on trouve une large plateforme de sable légèrement inclinée avec quelques débris coralliens et de rares pinacles. Le sable est colonisé par des phanérogames *Halophila ovalis*, parfois abondantes et quelques algues, *Galaxaura, Padina*. On y trouve aussi : *Strombus* thersites, *Conus magus, Dardanus megistos*, des Callianassidae et quelques gorgones fouet et des holothuries. La faune endogée doit être particulièrement riche puisque de nombreuses raies viennent s'y nourrir et y laissent de nombreuses et grandes excavations.

Le taux de recouvrement par les organismes vivants est estimé à environ 2% pour la zone comprise entre 16 et 21 m : 10 à 15% pour le bas de la pente et environ de 60 à 70 % pour la partie haute de la pente. Certaines zones du platier proche de la rupture de pente pouvant atteindre 80%.

Site 14 (Transect 2 x 50 m = 100 m^2)

Description générale et taux de recouvrement

Fond plat avec sable gris et pinacles coralliens moyens assez dispersés. Les algues calcifiées *Halimeda* sont fréquentes. Sur le sable on trouve, par place, des *Halophila*, parfois très denses et quelques zones à *Syringodium*, ainsi que d'assez nombreus terriers et tumulis de Callianassidae.

Le taux de recouvrement par les organismes vivants est estimé entre 20 et 30 % sur l'ensemble du transect avec essentiellement des algues, des phanérogames et des scléractiniaires. Ces derniers, ne représentant qu'un peu moins de 10 %.

Site 15 (Transect 2 x 10 = 20 m^2)

Description générale et taux de recouvrement

Le fond plat est constitué de sable gris et de débris coralliens, recouverts de gazon d'algueset d'apports terrigènes.
De manière éparse, on y rencontre des algues rouges, *Asparagopsis* (décolorées, mais vivantes) en grand nombre,

des allgues vertes, *Bornetella*, et deux espèces d'*Halimeda*. Les scléractiniaires forment des pinacles séparés par des zones sableuses. Le récif frangeant est à quelques mètres et forme un tombant abrupt de 1,30 à 1, 50 m.
Le taux de recouvrement est estimé à moins de 2 % sur le fond de sable. Sur le haut du récif frangeant, le taux de recouvrement par les scléractiniaires dépasse souvent 75 à 80 %, alors que sur les pentes du récifs, ce taux varie de 35 à 50 % avec plus ou moins de coraux morts, mais en place et de nombreuses algues du genre *Halimeda*

Espèces complémentaires observées hors transect

Scléractiniaires : *Acanthastrea* sp., *Leptoria phrygia, Platygyra daedalea, Platygyra pini.*

Divers : *Stelletta(Rhabdastrella) globostelleta.*

Site 16 (Transect 2 x 10 m = 20 m² perpendiculaire au récif, de la vallée à 16 m jusqu'au sommet de la crête à 8, 50 m sur seulement 2 x 2 m)

Description générale et taux de recouvrement

Ce site, sur la pente externe, se situe au niveau de la rupture de pente, entre 8 et 16 m, où alternent les fins des crêtes et des sillons. Ces derniers s'élargissent sur des zones de sables et d'éboulis.

Le taux de recouvrement par les scléractiniaires et les octocoralliaires est estimé à 60 à 70 % sur le dessus des crêtes, dont 50 à 60 % pour les seuls madrépores. Dans les fonds de vallées, ce taux n'est plus que de 20 à 30 %. Observation de 2 *Acanthaster planci*, qui n'ont mangé que **partiellement** les colonies suivantes : *Stylophora mordax, Acropora humilis* et *Acropora* sp.

Espèces complémentaires observées hors transect

Scléractiniaires : *Pocillopora eydouxi, Acropora* cf. *grandis, Porites* sp., *Symphyllia recta, Platygyra daedalea, Diploastrea heliopora.*

Divers : *Comanthus bennetti, Comanthus parvicirrus.*

Site 17 (Transect 2 x 50 m = 100 m²)

Description générale et taux de recouvrement

Le fond de sable blanc est plat et comporte beaucoup de cyanobactéries jaunes. On note à proximité de la radiale, plusieurs très gros monticules, constitués de très gros débris accumulés, dont certains s'étendent sur plusieurs dizaines de mètres et s'élèvent de 1 à 2 m. Ceci est probablement du à un précédent cyclone. Le transect est réalisé au milieu de plusieurs gros pinacles sur lesquels se trouve l'essentiel des organismes vivants, dont de nombreux scléractiniaires de 1 à 2 ans.

Le taux de recouvrement par les organismes vivants est estimé à 2 à 3 % sur l'ensemble des 100 m², avec un maximum de 5 % par place.
Site 18 (Transect 2 x 10 m = 20 m², ente 8 et 8, 6 m)

Description générale et taux de recouvrement

Le plateau corallien est faiblement incliné, de 15 à 20° à peu près, jusqu'à la rupture de pente située entre 9 et 12 m. Ce plateau est entrecoupé de sillons étroits qui s'élargissent au niveau de la rupture de pente. A partir de 15 à 16 m, la pente est un peu plus inclinée(30 à 35°) avec du sable et des éboulis coralliens. A 21 m, on trouve une zone de quelques mètres de large où il y a 90% d'éboulis avec de nombreuses colonies de *Seriatopora caliendrum* et quelques *Alveopora*. De 24 à 26 m, le sable et les débris coralliens sont omniprésents.

Le taux de recouvrement par les scléractiniaires et les octocoralliaires est estimé à 75 à 80% entre 7 et 10 m, dont 5 à 10 % d'alcyonaires. Ces derniers occupent un pourcentage de recouvrement beaucoup plus important sur la partie sommitale du plateau, jusqu'à 30% à eux seuls, avec 2 espèces de *Sinularia* et 3 espèces de *Lobophytum*. Il faut noter encore la présence de nombreux *Sinularia flexibilis*, entre 8 et 15 m et souligner le gigantisme de quelques Acroporidae tabulaires atteignant parfois 2, 20 m de diamètre.

Espèces complémentaires observées hors transect

Scléractiniaires : *Pocillopora* sp., *Seriatopora caliendrum, Acropora* cf. *aculeus, Acropora* cf. *grandis, Alveopora* sp., *Pachyseris speciosa, Merulina ampliata, Goniastrea* sp., *Platygyra daedalea, Platygyra pini, Diploastrea heliopora, Turbinaria* sp.

Divers : *Cliona orientalis, Stelletta(Rhabdastrella) globostellata,Lobophytum* sp. 1, *Lobophytum* sp. 2, *Lobophytum* sp. 3, *Sarcophyton* sp. 2, *Sinularia flexibilis, Trocus niloticus, Tridacna squamosa.*

Site 19 (Transect 2 x 50 = 100 m², entre 5, 5 et 0, 6 m)

Description générale et taux de recouvrement

Il s'agit ici d'un récif d'une soixantaine de mètres de longueur, isolé sur un fond plat situé à plus de 100 m à l'intérieur du récif barrière.

Autour et en bas du récif se trouve une zone d'éboulis coralliens avec quelques colonies de scléractiniaires épars, comme cette gigantesque colonie d'*Aveopora* sp., de quelques 9 m par 3 m. Cette colonie a partiellement éclatée par sa propre croissance, et une partie gie posée sur le fond, avec des branches de 45 cm de largeur et leurs polypes marrons. Cinq organismes sont largement dominants sur les parties hautes du récif : *Porites* cf. *lobata, Millepora tenella, Sinularia flexibilis* et *Montipora spumosa* qui forme de gros massifs marrons violacés. Il faut noter l'existence de nombreux Acroporidae naissants.

Le taux de recouvrement de la partie supérieure du récif entre 0, 6 et 3 m est estimé à 15 à 20 %, le reste étant des pinacles nus et des débris coralliens. Seul le massif d'*Alveopora*, situé entre 5 et 5, 6 m, recouvre à 95 % une surface d'environ 40 m^2.

Site 20 (Transect 2 x 30 = 60 m^2, perpendiculaire au récif, entre 22 et 4 m.)

Description générale et taux de recouvrement

Plateau coarallien avancé à quelques 200 mètres au large du récif barrière. Ce plateau qui culmine entre 3, 50 et 6 m est soumis, presque en permanence, à de forts ressacs. La rupture de pente à 6/7 m est brutale à 90° juqu'à 16/18 m. Présence d'un sytème d'éperons et sillons particulièrement courts. La pente, de sédiment très grossiers, s'incline à 15 à 20° jusqu'à une plateforme à 22/24 m. Sur cette dernière, il existe quelques gros pinacles assez espacés les uns des autres et, au débouché des vallées, on trouve de grandes zones de sable et de débris grossier qui forment de grands « ripple marks »(50 cm de hauteur avec des séparations de 110/120 cm). De nombreuses algues (*Padina, Titanophora, Callophycus, Dudresnaya*) jonchent le sable et la base des pinacles.

Le taux de recouvrement par les scléractiniaires et les octocoralliaires est estimé à 50/60 % pour le desus du plateau (3, 5 à 7 m), dont 15 % pour les seuls octocoralliaires.
Ce taux de recouvrement tombe à environ 5 à 8 % sur la plateforme entre 22 et 24 m et à 10 à 15 % entre 16 et 22 m en comptant les nombreuses algues.

Espèces complémentaires observées hors transect

Scléractiniaires : *Acropora* cf. *aspera, Acropora* cf. *yongei, Symphyllia recta, Platygyra daedalea, Diploastrea heliopora.*

Site 21 (Transect 2 x 10 m = 20 m^2, entre 13 et 10 m)

Description générale et taux de recouvrement

Le plateau corallien est assez étroit, 80 à 100 m et la rupture de pente est brutale à partir de 9 à 12 m. Elle est formée d'une falaise à environ 90° qui plonge jusqu'à42/45 m. Ensuite on trouve un plateau avec du sable et des éboulis coralliens qui s'incline à 25/30° jusqu'à 62/65 m.

Au delà de la première pente, entre 42 et plus de 60 m, le taux de recouvrement par les organismes vivants varie entre 2 et 5 %.

Sur le plateau, entrecoupé d'éperons et de sillons, le taux de recouvrement atteint parfois 80 %, dont 5 à 10 % d'octocoralliaires. Ce récif est en excellent état et, de ce fait, les poissons y sont nombreux et variés.

Espèces complémentaires observées hors transect

Scléractiniaires : *Acropora* cf. *grandis, Acropora robusta, Leptoseris mycetoseroides Mycedium lactuca, Platygyra daedalea.*

Site 22 (Transect 2 x 40 = 80 m^2 à 2, 7 m)

Description générale et taux de recouvrement

Grand pinacle érodé de presque 50 m de longueur et de 1, 50 m de hauteur. Tout autour, le fond est constitué de sable corallien et de nombreux bouquets de gazon d'algues plus ou moins denses et de colonies éparses de scléractiniaires et d'alcyonaires. Les Acroporidae et les Milléporidae dominent ce site.

Le taux de recouvrement par les organismes vivants varie de 2 à 5 %.

Site 23 (Transect 2 x 50 = 100 m^2, 6, 6 à 1 m)

Description générale et taux de recouvrement

Cette zone proche du récif interne est constituée de pinacles érodés, plus ou moins séparés les uns des autres avec des tailles allant de 0, 50 m à plus de 3 m de hauteur. Autour de ces pinacles, il existe une frange de quelques mètres où les débris coralliens sont très nombreux. Ensuite on touve le sable avec de rares scléractiniaires épars. L'espèce dominante semble être *Favia favus*.

Le taux de recouvrement par les organismes vivants se situe aux environs de 5 à 10 %, répartie essentiellement sur le dessus des pinacles.

Espèces complémentaires observées hors transect

Scléractiniaires : *Acropora* cf. *grandis, Porites cylindrica, Pachyseris rugosa, Fungia* cf. *repanda, Oxypora* sp., *Symphyllia recta, Merulina ampliata, Favites abdita.*

Divers : *Lobophytum* sp., *Thelenota ananas.*

Site 24 (Parcours aléatoire de 45 ' entre 0, 50 et 3, 70 m)

Description générale et taux de recouvrement

Il s'agit ici d'un groupe de pinacles répartis sur 12 m de longueur et 5 m de largeur à proximité de la pente interne. Autour et entre les pinacles, c'est un fond de sable corallien et coquiller recouvert par place d'un gazon d'algues noires. Il faur noter aussi qu'il a de nombreux scléractiniaires très juvéniles et qui ne sont pas comptabilisés.

Le taux de recouvrement par les organismes vivants, essentiellement les scléractiniaires, est estimé à 15 à 20 %.

Site 25 (Transect 2 x 50 = 100 m^2 à 5, 5 m de profondeur)

Description générale et taux de recouvrement

Le transect est réalisé sur la partie basse du récif sur un fond de sable et de débris coralliens, avec des pinacles érodés de 0, 50 m à 2 m de hauteur. Les zones de sables et de débris sont recouverts d'*Halophila* et de cyanobactéries.

Le taux de recouvrement sur l'ensemble de la surface étudiée est estimé à moins de 2 %. Cependant, par place, ce taux peut atteindre jusqu'à 5 % grâce aux Alcyonaires.

Espèces complémentaires observées hors transect

Scléractiniaires : *Goniopora* sp. (bleu), *Fungia* cf. *repanda, Heliofungia actiniformis, Herpolitha limax, Sandalolitha robusta, Lobophyllia hemprichii, Diploastrea heliopora, Turbinaria peltata, Turbinaria reniformis.*

Divers : *Halimeda* cf. *gigas, Millepora tenella, Nephtea* sp., *Amplexidiscus fenestrafer, Cirripathes anguinus, Tridacna derasa.*

Site 26 (Transect 2 x 50 m = 100 m^2, perpendiculaire à la passe, entre 26 et 7 m)

Description générale et taux de recouvrement

Bordure de passe, côté sud. Le plateau corallien est en légère pente jusqu'à la profondeur de 4 à 5 m, où se trouve une rupture de pente brutale avec une falaise sub-verticale qui s'enfonce jusqu'à 25 m. Vers 12 m une grande voûte et plusieurs surplombs abritent des organismes plus sciaphiles. Au bas de la pente, on trouve une marge de 4 à 5 m de largeur avec un mélange de sable et de gros débris coralliens. La pente, faiblement inclinée (10/15°), se poursuit au-delà de 26/28 m, avec de temps en temps un ou deux pinacles isolés. Par place, ce sable abrite de nombreux *Heteroconger hassi.*

A 25/26 m le taux de recouvrement ne dépasse pas 1 %. Entre 25 et 10 m ce taux remonte légèrement entre 3 et 5 %. De part et d'autre de la rupture de pente le taux atteint 40 à 50 %. Certaines zones du platier, en bordure de la passe ont un taux de recouvrement plus élevé, jusqu'à 70 %.

Site 27 (Transect 2 x 20 m = 40 m^2, entre 5,50 et 0, 50 m)

Description générale et taux de recouvrement

Récif de lagon en bordure de passe. Ce récif est assez court, environ une vingtaine de mètres. Au- delà, vers le sud est, c'est le platier qui ne semble pas très vivant.
Le taux de recouvrement, par les organismes vivants, est évalué à 2 à 5 % pour ce récif de bordure.

Espèces complémentaires observées hors transect

Vers le nord ouest, les madrépores disparaissent pour laisser la place à une pente de sable inclinée à 35/45°, jusqu'à plus de 35/36 m. De rares colonies coralliennes, le plus souvent de grandes dimensions, (*Turbinaria* et *Alveopora*) ont colonisées la pente. Elles abritent et attirent alors de nombreux poissons (*Apogon apogonides, Cheilodipterus macrodon, Pseudanthias hypselosoma, Cephalopholis sonnerati, Lutajanus kasmira, Caesio* spp., *Pomacentrus pavo, Dascyllus trimaculatus, Carangoides ferdau, Sphyrena jello*).

De nombreux et grands terriers et tumulis de Callianassidae sont présents entre 24 et 28 m. Les principaux invertébrés rencontrés sur la pente sont : *Holothuria(Microthele) fuscogilva*(5), *Holothuria Halodeima*) *edulis* (4), *Thelenota anax* (3), *Holothuria* (*Microthele*) *fuscopunctata* (6), *Cavernularia* sp. (1), *Actinodendron glomeratum* (1). *Halophila ovalis* est abondante, par place, entre 10 et 24 m. Entre 18 et 30 m, plusieurs Gobiidae de terriers ont été observés : 2 espèces indéterminées et *Vanderhorstia ambanoro.* Le bas du récif à 5, 50 m, abrite quelques *Holothuria* (*Microthele*) *nobilis* au milieu des débris coralliens.
Tous ces organismes ont été notés au cours d'un rapide aller et retour entre 5 et 35 m.

Site 28 (Transect 2 x 30 = 60 m^2, perpendiculaire au récif, entre 7 et 0, 50 m)

Description générale et taux de recouvrement

Récif frangeant avec une rupture de pente verticale entre 0, 50 et 3 m. Au-delà, les scléractiniaires sont éparpillés et disparaissent très rapidement 5 et 7 m, pour laisser la place à une pente de sable-vaseux qui s'incline à environ 30° jusqu'à 26 m. A partir de cette profondeur, la pente s'atténue (10/15°). Sur ce sable vaseux on devine la présence de nombreux et gros Callianassidae, des mollusques fouisseurs, des ousins irréguliers, et quelques Gobiidae.

Le taux de recouvrement par les organismes vivants est estimé à 40/50 % sur une zone située de part et d'autre de la rupture de pente. Les espèces très dominantes sont : *Porites* cf. *lobata, Psammocora contigua* et *Pavona decussata.*

Espèces complémentaires observées hors transect

Scléractiniaires : *Montipora* sp. 1, *Montipora* sp. 2, *Acropora humilis, Acropora palifera, Acropora* sp. 3, *Astreopora* sp., *Coscinarea columna, Pachyseris speciosa, Pavona varians, Fungia* sp.3, *Ctenactis echinata, Pectinia* cf. *alcicornis, Hydnophora rigida, Merulina ampliata, Favites* sp.

Divers : *Cymodocea rotundata, Neomeris van-bossae, Millepora tenella, Dendronephtya* sp., *Actinostephanus haeckeli, Murex troscheli, Holothuria* (*Microthele*) *fuscogilva, Stichopus variegatus.*

Site 29 (Transect 2 x 20 m = 40 m², de la base d'un gros pinacle à la base opposée, en passant par le sommet, entre 15, 3 et 6, 3 m.

Description générale et taux de recouvrement

Il s'agit ici d'un gros pinacle corallien situé à quelques mètres au-delà du récif frangeant. Ce massif, assez caverneux, repose vers le large sur une pente de sable-vaseux à 15, 3 m. Son sommet, large, culmine entre 6, 3 et 8 m et se termine du côté opposé vers 11 m sur une zone corallienne qui rejoint le récif frangeant. La pente de sable-vaseux abrite de nombreux Callianassidae.

Le taux de recouvrement par les organismes vivants varie de 60 à 75 %.

Espèces complémentaires observées hors transect

Scléractiniaires : *Acropora florida.*

Divers : *Axinella carteri.*

Site 30 (Transect 2 x 20 m = 40 m², parallèle au récif frangeant, 4, 20 à 4, 50 m)

Description générale et taux de recouvrement

Le récif frangeant forme une rupture de pente à angle droit, de 0, 50 à 4 m. Entre 4, 20 et 4, 50 m, il existe une bande étroite d'environ 5 à 6 m sur laquelle les colonies coralliennes sont séparées les unes des autres sur un fond de sable vaseux. Au-delà de la zone des madrépores, le sable est colonisé par : *Halophila ovals*, abondante par place ; *Syringodium isoetifolium*, assez chétifs.

Le taux de recouvrement par les organismes vivant est estimé à 30 %.

Site 31 (Transect 2 x 50 m = 100 m², perpendiculaire au platier interne entre 14, 50 et 2 m) Cette pente se situe dans un grand lagon à l'intérieur du récif-barrière et à moins de 100 m de la passe.

Description générale et taux de recouvrement

A cet endroit, le platier interne est large d'une cinquantaine de mètres. Sur sa bordure interne on y trouve deux ruptures de pente : l'une vers 3, 50 m de profondeur et la seconde vers 4, 50 à 5 m, avec une descente en cascade faites d'une succession de gros pinacles jusqu'à 7/8 m. Au-delà et jusqu'à 16 m le sable est prédominant avec une pente faible de l'ordre de 15/20 % où se dissimulent des Callianassidae. Les espèces dominantes sont : *Porites* cf. *lobata, Porites cylindrica, Favia favus* en gros massifs et isolés sur le sable au-delà de 12 m, *Acropora grandis*.

Le taux de recouvrement par les organismes vivants est estimé à moins de 2 % entre 1 et 4 m.
De 4 à 14 m, le taux de recouvrement est d'environ 15 à 20 %.

Il est important de remarquer ici que le sable semble être constament brassé par le ressac et qu'il y a une abrasion continue sur les récifs. Ceci explique, sans doute, le peu de couverture corallienne. Il semble bien d'ailleurs que les colonies coralliennes soient en bien meilleur état à partir de 150 m au sud de la passe.

Espèces complémentaires observées hors transect

Scléractiniaires : *Porites cylindrica* (grandes colonies), *Favites halicora, Echinophyllia* sp.

Divers : *Sarcophyton* sp., *Pinctada margaritifera, Bohadschia graeffei, Holothuria* (*Halodeima*) *edulis, Holothuria* (*Microthele*) *fuscopunctata, Thelenota ananas.*

Site 32 (Transect 2 x 50 m = 100 m²,

Description générale et taux de recouvrement

Ce site est composé de pinacles érodés et séparés les uns des autres dans un environnement de sable et de débris coralliens. Ils font suite au récif de lagon situé en bordure de passe. Des cyanobactéries jaunes sont assez abondantes. Les alcyonaires sont dominants.
Le taux de recouvrement par les organismes vivants varie de 3 à 6/8 %.

Site 33 (Plateau de Muelebe) (Transect 2 x 40 m = 80 m², perpendiculaire au récif, entre 6, 50 et 17 m)

Description générale et taux de recouvrement

Bordure d'un récif de lagon avec une rupture de pente en cascade, entre 0 et 4 m, se pousuivant juqu'à 11 m, qui est la limite du récif construit. Au-delà, c'est une pente de sable et de débris coralliens, qui s'incline à 10/15° jusqu'à 17 m avec, par place, quelques *Halophila ovalis*, généralement peu denses. A partir de 17 m, juste avant l'accentuation de la pente, (30/35°), il y a une série de pinacles peu élevés qui permettent l'implantation de quelques espèces plus sciaphiles. Ces pinacles attirent aussi de nombreux poissons d'intérêt commercial.(*Plectropomus laevis, Lutjanus argentimaculatus, Carangoides ferdau, Sphyraena jello*)

Le taux de recouvrement par les organismes vivants est estimé à moins de 5 % entre 17 et 11 m. Il remonte à environ 20% sur les substrats durs entre 11 et 6, 50 m.

Site 34 (Transect 2 x 10 = 20 m², entre 8 et 9 m juste au niveau de la rupture de pente)

Description générale et taux de reproduction

Le plateau corallien est assez étroit avec une rupture de pente formant un arrondi entre 5 et 8 m. Puis pente verticale jusqu'à 26 m où se mêlent sable, débris coralliens et quelques

massifs coralliens épars. Curieusement, on trouve un gros bourelet, suivi d'une plateforme d'une dizaine de mètres de largeur qui coure parallèlement à la pente et qui s'élève jusqu'à 23 m et au-delà duquel une deuxième falaise verticale plonge jusque vers 45 à 48 m. Ensuite, c'est une pente de sable et d'éboulis qui s'étend au-delà de 70 m.
Le taux de recouvrement par les organismes vivants est estimé entre 40 et 50 % sur le bourelet et sa plateforme entre 26 et 24 m

Le taux de recouvrement de part et d'autre de la rupture de pente, entre 4 et 8 m est estimé à 70 %.

Espèces complémentaires observées hors transect

Scléractiniaires : *Stylocoeniella guentheri, Seriatopora histrix, Montipora* cf. *moretonensis, Astreopora* sp. 1, *Porites* cf. *lobata, Porites rus, Goniopora* sp., *Pachyseris speciosa, Coeloseris mayeri, Oxipora glabra, Mycedium elephanthotus, Pectinia lactuca, Merulina ampliata,Favites abdita, Goniastrea pectinata, Montastrea* cf. *valenciennesi, Echinopora lamellosa.*

Divers : *Callophycus serratus, Gybsmithia hawaiiensis, Annella reticulata.*

***Acropora* spp, probables espèces :** *A. grandis, A. verweyi, A. subulata, A. nana, A. secale, A. elseyi.*

Site 35 (Transect 2 x 7 = 14 m^2, parallèle à la rupture de pente, aux environs de 8 m.)

Description générale et taux de recouvrement

Plateforme corallienne « découpée » entre 6 et 12 m. Ces failles fines sont certainement le résultat combiné entre les rares secousses sismiques et des éffondrements naturels. Sur ce point, la largeur du plateau récifal externe est d'environ 120 m et la rupture de pente se situe entre 14 et 15 m de profondeur.

Le taux de recouvrement par les organismes vivants est estimé à 50/60 %, dont 5 à 10 % pour les seuls octocoralliaires pour la zone 10/15 m.

Espèces complémentaires observées hors transect

Scléractiniaires : *Pocillopora* sp., *Acropora florida, Acropora monticulosa, Acropora robusta, Astreopora* cf. *explanata, Astreopora moretonensis, Astreopora* sp. 2, *Porites cylindrica, Pavona clavus, Leptoseris explanulata, Ctenactis echinata, Acanthastrea echinata, Merulina ampliata, Favia* sp. 3, *Platygyra sinensis, Dipoastrea heliopora, Echinopora horrida, Echinopora lamellosa, Turbinaria reniformis, Turbinaria* sp.

Divers : *Halimeda discoidea, Lobophytum* sp. 3, *Sinularia* sp. 2, *Xenia* cf. *membranacea, Ophiomastix caryophyllata, Heterocentrotus mamillatus.*

Site 36 (Transect 2 x 50 = 100 m^2, par 4, 2 m de profondeur)

Description générale et taux de recouvrement

Fond plat, avec sable, gros débris coralliens et quelques colonies modestes de scléractiniaires épars. Présence de cyanobactéries marron vert. Puis, une série de gros pinacles de 3 à 4 m de hauteur, séparés les uns des autres, sur lesquels se concentre l'essentiel de la biodiversité visible.
Le taux de recouvrement par les organismes vivants est estimé à 10 à 15 %.

Site 37 (Transect 2 x 30 = 60 m^2, perpendiculaire au récif, entre 6, 30 et 1 m)

Description générale et taux de recouvrement

Au large du récif, c'est un fond de sable plat à avec des *Halophila ovalis* (peu denses), de rares holothuries, de nombreux Callianassidae et quelques Gobiidae de terrier. Juste avant d'arriver sur le récif construit, apparaissent les premières colonies de scléractiniaires éparses. On trouve ensuite à 4 m le bas du récif qui forme un mur en arrondi jusqu'au haut du platier à 1 m sous la surface.

Le taux de recouvrement par les organismes vivants ne dépasse pas 15 à 20 % dans la zone la plus peuplée qui va du bas de la pente jusqu' à une vingtaine de mètres sur le platier. Les Alcyoniidae, qui ne représentent que moins de 3 à 5 % de l'ensemble des organismes ont, par place, des taux de recouvrement de 100 % sur des petites surfaces allant de 3 à 20 m^2.

Site 38 (Parcours aléatoire de 60 minutes, entre 4, 90 et 2 m)

Description du site et taux de recouvrement

Fond plat avec sable grossier et nombreux débris coralliens à l'approche de chaque récif ou pinacle. Toutes les zones de débris sont recouvertes de très nombreuses cyanobactéries. Tous les récifs isolés et les pinacles semblent avoir subi de gros dégats lors du dernier cyclone « Erica » de mars 2002. Seules de très rares colonies de scléractiniaires, bien abritées ou grosses, ont pu être partiellement ou complètement épargnées. La grande majorité des coraux recensés sont des nouvelles colonies récentes de 1 à 2 ans.

Le taux de recouvrement par les organismes vivants ne dépasse pas 4 à 5 %, dont plus de la moitié, le sont par les alcyonaires.

Site 39 (Transect 2 x 50 = 100 m^2, entre 5, 20 et 2, 70 m)

Description du site et taux de recouvrement

Fond plat constitué de sable légèrement vaseux avec

tumulis et terriers de Callianassidae, quelques éponges, et nombreuses holthuries, *Holothuria* (*Halodeima*) *edulis*. On y trouve aussi ; *Halophila ovalis* et *Halimeda discoidea*. Puis haut fond corallien avec de nombreux madrépores branchus (Acroporidae et Faviidae), colonisant par place des superficies de plusieurs mètres carrés avec des taux de recouvrement de 100 %. Le sommet du haut fond culmine à 1, 40 m, il est entièrement détruit avec de nombreux débris qui jonchent le fond entre le sommet et 3 m de profondeur.

Le taux de recouvrement par les organismes vivants est de 70 % en moyenne, avec un minimum de 5 % sur le sable et un maximum de 100 % sur la moitié du haut fond traversé.

Espèces complémentaires observées hors transect

Scléractiniaires : *Acropora florida*

Divers : *Halophila ovalis, Halimeda discoidea,* Callianassidae.

Site 40 (Parcours aléatoire (sans comptage) de 40 minutes du bord du plateau de Freycinet vers le centre du chenal à l'ouest, entre 2 et12 m)

Description générale et Taux de recouvrement

Le fond est composé de sable grossier et de débris coralliens avec une pente faiblement mais assez régulièrement inclinée entre 2 et 12 m. Après la bordure du récif avec ses nombreux débris coralliens entre 2 et 3, 5 m, on trouve une zone couverte à 60 % d'une éponge verte indéterminée (en symbiose avec des algues) qui vit libre sur le fond et qui, s'accumule, par place, en fonction des courants de marées. Cette zone, qui comprend aussi de nombreuses cyanobactéries, des phanérogames, de algues et des éponges, s'étend jusque vers 8 mètres de profondeur. Plus loin, entre 8 et 12 m, on trouve de fréquents pinacles peu élevés et souvent recouverts d'algues. Entre ces pinacles, le fond est détritiques et abrite de nombreux organismes : phanérogames, algues, éponges, hydraires, octocoralliaires, actiniaires, zoanthaires, antipathaires, scléractiniaires, mollusques, échinodermes et ascidies, pour ne citer que les principaux.

Le taux de recouvrement par les organismes vivants, difficilement estimable avec ce seul parcours, est estimé à 15 à 20 %.

Site 41 (Parcours aléatoire de vingt minutes, du bas du récif vers le milieu du chenal, entre 3 et 13 m)

Description générale et taux de recouvrement

Fond de sable grossier et coquiller sur une très faible pente avec phanérogames, algues et holothuries, assez nombreuses entre 3 et 5 m. Entre 8 et 12 m, on trouve de nombreux pinacles qui abritent une biodiversité variée. De 6 à 13 m la pente est un peu plus prononcée à environ 15 à 18°. Sur l'ensemble de ce tajet, le taux de recouvrement par les organismes vivants n'exède pas 2 à 3 %.

Site 41 bis (Parcours aléatoire de 50 minutes, entre 0, 50 et 6 m, sur la pente du récif construit)

Description et taux de recouvrement

Il s'agit ici de la pente interne d'un récif de lagon proche du littoral. Ce récif est en très bon état avec une bonne diversité de scléractiniaires et des colonies souvent de grande taille. Le taux de recouvrement par les organismes vivants est estimé à 60 à 70 %.

Site 42 (Transect 2 x 10 = 20 m^2, sur un gros pinacle depuis la base jusqu'au bas du versant opposé en pasant par le sommet, entre 8, 20 et 5, 30 m)

Description générale et taux de recouvrement

Il s'agit ici d'une zone situé à 5 à 6 m juste avant le récif côtier. Fond plat de sable assez grossier et coquiller avec *Halophila ovalis*, peu denses. Puis, un gros pinacle isolé de 2, 90 m de hauteur.

Le taux de recouvrement par les organismes vivants est estimé à 60 % sur le seul transect.

Espèces complémentaires observées hors transect
Scléractiniaires : *Astreopora myryophthalma, Goniopora* sp. , *Psammocora* sp., *Coscinoderma columna, Galaxea astreata, lobophyllia* sp., *Turbinaria mesentherina.*

Divers : *Coscinoderma mathewsi, Sinularia flexibilis, Tridacna squamosa, Acanthaster planci, Holothuria* (*Microthele*) *fuscopunctata.*

RÉFÉRENCES

Colin, P.L. et Arneson C.1995. Tropical Pacific Invertebrates. Coral Recif Press

Fourmanoir P. et Laboute P. 1976 *Poissons de Nouvelle-Calédonie et des Nouvelles-Hébrides,* Papeete, Les Éditions du Pacifique, 1976, 376 p.

Guille, A., Laboute, P. et Menou J.L. 1986. Guide des étoiles de mer, oursins et autres échinodermes du lagon de Nouvelle-Calédonie. Editions de l'ORSTOM. Collection Faune Tropicale n° XXV. 238 pp.

Grasshoff, M. et Bargibant G. 2001. Coral Recif Gorgonians de Nouvelle-Caledonie Caledonia. Editions de l'I.R.D. Collection Faune Tropicale n° XXX. 335 pp.

Gosliner, T.M., Behrens D.W. et Williams, G.C. 1996. Corals Recif Animals of the Indo-Pacific. Sea Challengers. 314 pp.

Ineich, I. et Laboute P. 2002. Sea snakes of New Caledonia. Editions de l'I.R.D. Collection Faune Tropicale n° XXXIX. 302 pp.

Laboute, P. et Richer de Forges B. 2004. Lagons et Récifs de Nouvelle-Calédonie. Editions Catherine Ledru. 520pp.

Laboute, P. et Grandperrin, R. 2000 Poissons de Nouvelle-Calédonie. Editions Catherine Ledru , p. 7-520.

Lévi, C., Laboute, P., Bargibant, G. et Menou, J.L. 1998. Sponges of the New Caledonian Lagoon. Editions de l'ORSTOM. Collection Faune Tropicale n° XXXIII. 214 pp.

Monniot, C., Monniot, F. et Laboute, P. 1991. Coral Recif Ascidians of New Caledonia.

Veron, J. E. N. 1986. Corals of Australia and Indo-Pacific. Angus & Robertson Publishers. 644pp. Editions de l'ORSTOM. Collection Faune Tropicale n° XXX. 247 pp.

Veron, J. E. N. et Pichon M. 1976. Scleractinia of Eastern Australia. Part I, Families Thamnasreriidae, Astrocoeniidae, Pocillopridae. Australian Institute of Marine Science.

Veron, J. E. N., Pichon, M. et Wijsman-Best 1977. Scleractinia of Eastern Australia. Part II, Families Faviidae, Trachyphylliidae. Australian Institute of Marine Science.

Veron, J. E. N. et Pichon M. 1979. Scleractinia of Eastern Australia. Part III, Families, Agariciidae, Siderastreidae, Fungiidae, Oculinidae, Merulinidae, Mussidae, Pectiniidae, Caryophylliidae, Dendrophylliidae. Australian Institute of Marine Science.

Veron, J. E. N. et Pichon M. 1982. Scleractinia of Eastern Australia. Part IV, Family Poritidae. Australian Institute of Marine Science.

Veron, J. E. N. et Wallace C.C. 1984. Scleractinia of Eastern Australia. Part V, Family Acroporidae. Australian Institute of Marine Science.

Chapitre 2

Diversité des poissons des récifs coralliens

Richard Evans

RÉSUMÉ

- Une liste de poissons a été compilée pour 41 sites du lagon du Mont Panié, au nord-est de la Nouvelle Calédonie. La liste des espèces a été compilée sur la base d'observations visuelles uniquement ; aucun spécimen n'a été ni tué ni collecté durant le séjour, comme il l'a été requis par les tribus locales.

- La Nouvelle Calédonie se situe en-dehors du célèbre « Triangle de corail » d'une diversité très élevée, formé par l'Indonésie, la Papouasie Nouvelle Guinée, les Philippines et le nord de l'Australie. Au total, la présence de 1124 espèces de poissons associés aux récifs a été relevée dans cette région, parmi lesquelles 597 espèces de poissons récifaux, de poissons associés aux récifs et de poissons côtiers ont été recensées lors de cet inventaire (57%).

- Dr. Gerry Allen a mis au point une formule permettant de prédire la faune totale de poissons des récifs sur la base de six familles clés. Pour le présent inventaire, la formule prédit un total de 844 espèces dans la zone du lagon du mont Panié.

- Les familles dominantes en nombre d'espèces sont les Labridae (80), les Pomacentridae (74), les Gobiidae (48), les Serranidae (32) et les Acanthuridae (31). Le nombre d'espèces par site se situait entre 109 et 229, avec une moyenne de 172. Douze espèces faisant partie de la Liste rouge de l'UICN ont été recensées lors de ces inventaires.

- Un site présentant 200 espèces ou plus est considéré comme excellent en terme de diversité spécifique des poissons. Dix sites sur les 41 (24%) se qualifient, en comparaison avec 52 % des sites à Raja Ampat en Indonésie (2001), 42% dans la baie de Milne en Papouasie Nouvelle Guinée (2000), 19% aux îles Togean-Banggai en Indonésie (1998), 10,5% aux îles Calamianes aux Philippines (1998), 0% aux îles Weh en Indonésie (1999) et 0% dans le nord-ouest de Madagascar (2002).

- En général, le plus grand nombre d'espèces a été relevé sur le front des récifs barrières externes (201), sur le front des récifs du lagon (172), dans les arrières récifs (166) et enfin dans les récifs frangeants (156). Il n'y a cependant aucune différence significative entre les nombres d'espèces relevés sur tous les sites.

- Ces inventaires ont permis d'étendre l'aire de distribution de 12 espèces, comprenant *Acanthurus bariene, Blenniella periophthalmus, Ctenogobiops aurocingulus, Ctenogobiops crocineus, Cymolutes torquatus, Dischistodus melanotus, Halichoeres richmondi, Heteroconger polyzona, Ostracion solorensis, Oxycheilinus rhodochorous, Pseudochromis cyanotaenia* et *Rhineacanthus verrucosus.*

- Deux des récifs,(site 18 et site 26), proposés à la protection dans le cadre de l'aire protégée marine prévue du mont Panié, contiennent le plus grand nombre d'espèces relevé lors de cette étude (229 et 225 respectivement).

- La constatation d'une diversité spécifique relativement élevée et l'observation d'une activité limitée mais en voie de développement de pêche montrent que le lagon du mont Panié est un excellent site pour une conservation future.

INTRODUCTION

Cette étude utilise la biodiversité comme indicateur de la santé des récifs. A cet effet, les poissons représentent des taxons de choix pour l'étude, car ils sont les habitants les plus faciles à observer des récifs et forment une proportion importante de la biomasse récifale globale. Les relations entre les poissons et l'habitat ont été largement documentées dans la littérature. Les sites présentant des niveaux de diversité élevés en poissons sont en général les plus diversifiés du point de vue de l'habitat (Chittaro, 2004).

La Nouvelle Calédonie est l'un des endroits ayant été les plus étudiés dans le Pacifique. Des naturalistes français tels Jules Garnier et Charles Lemire étaient parmi les premiers à avoir effectué des recensements de poissons en Nouvelle Calédonie à la fin des années 1800. Plusieurs institutions établies aujourd'hui en Nouvelle Calédonie ont étudié les poissons des récifs. Les principales sont le Secrétariat de la Communauté du Pacifique, l'Institut de la recherche pour le développement (IRD, ex-ORSTOM), l'IFREMER, les entités gouvernementales des Provinces Nord et Sud et l'Université de la Nouvelle Calédonie. La majorité des études sur les poissons des récifs en Nouvelle Calédonie est constituée de rapports basés sur l'industrie de la pêche, comme par exemple Kulbicki *et al* (2000) et Letourneur *et al* (2000). Il existe cependant plusieurs ouvrages prenant en compte la Nouvelle Calédonie dans les sujets qu'ils abordent. Des auteurs comme Randall, Allen, Humann, DeLoach, Leiske et Myers et quelques autres ont tous écrit des livres sur les poissons des récifs du Pacifique, tandis que le Français Pierre Laboute a publié plusieurs ouvrages spécifiques aux récifs de la Nouvelle Calédonie (Laboute 2000).

La Nouvelle Calédonie est située sur la plaque tectonique Indo-Pacifique qui contient dans quelques régions une diversité en poissons des récifs parmi les plus riches du monde, avec notamment près de 2500 espèces en Papouasie Nouvelle Guinée (Lieske & Myers, 2001). Le sud-ouest du Pacifique est reconnu comme une région de grande diversité spécifique. Le plus grand nombre d'espèces est relevé sur la Grande barrière de corail (environ 1800 espèces) ; les nombres diminuent à mesure que l'on se déplace vers l'est (Lieske & Myers, 2001). Actuellement, les listes Fishbase y évaluent le nombre total des espèces associées aux récifs à 1124. La Nouvelle Calédonie est également reconnue comme un centre régional d'endémisme élevé pour les espèces de poissons (Olsen et Dinerstein, 2002; Roberts et al., 2002) ; elle représente donc un hotspot de la diversité nécessitant des études supplémentaires.

L'objectif de cette section du rapport est de fournir une liste complète des espèces de poissons des récifs coralliens, des poissons associés aux récifs et des poissons côtiers de la région du Mont Panié en Nouvelle Calédonie. Compte tenu de l'évaluation rapide réalisée lors de cette étude, et de la nature discrète de nombreux poissons des récifs, les recensements ne sont pas exhaustifs. Cependant, une méthode d'extrapolation qui utilise des familles « index » clés, méthode développée par Dr. Gerry Allen, permet d'établir une estimation comparative de la biodiversité des poissons des récifs.

OUTILS ET MÉTHODES

La technique utilisée requérait une descente rapide au fond du récif où une balise était installée pour marquer le point de départ de l'inventaire. L'observateur nageait lentement en remontant le long de la pente du récif et par-dessus la crête en zigzaguant, complétant ensuite l'inventaire sur le plateau récifal. Une balise était également déployée à cet endroit pour des relevés GPS ultérieurs. Les inventaires étaient effectués à une profondeur maximale de 31m. Chaque plongée couvrait une zone représentative du site donné, consistant en sable, gravats, corail, roches, grottes (une lampe était utilisée si nécessaire), algues ou lits d'herbes marines. Chaque espèce de poisson observée était notée sur du papier imperméable. La majorité des espèces a été relevée à une profondeur se situant entre 2 et 12 m, qui est la profondeur à laquelle la plus forte diversité de poissons est généralement enregistrée.

Les 19 premiers sites ont été inventoriés en utilisant la technique présentée ci-dessus. Malheureusement, pour des raisons médicales, il a fallu plonger avec un masque et un tuba pour les 21 sites suivants. Pour les mêmes raisons, aucune donnée n'a été collectée sur le site 20. Sur les sites de plongée avec masque et tuba, l'observateur allait et venait en nageant le long de la crête, du plateau et de la pente, en plongeant en canard à une profondeur de 10-12 m et en observant jusqu'à 20 m en fonction de la visibilité. La plus grande diversité étant enregistrée entre 2 et 12m, les observations effectuées en masque et en tuba ne diffèrent pas beaucoup de celles faites en plongée. D'autres membres de l'équipe, notamment Nathaniel Cornuet (le spécialiste des espèces ciblées de poissons), ont rajouté des espèces à la liste, lors de leurs relevés en plongée à des profondeurs supérieures à 10m, ce qui permet de rapprocher les résultats des inventaires réalisés lors de la première et de la seconde moitié du séjour.

Seules les espèces clairement déterminées par l'observateur ont été relevées. Si une espèce n'était pas identifiée, l'observateur tentait de dessiner et/ou de prendre le spécimen en photo avec un appareil digital, pour une future identification à l'aide d'ouvrages de référence. A la date de rédaction de ce rapport, 33 espèces (5,5%) n'ont pas été identifiées. Il s'agit d'espèces impossibles à identifier à cause de la qualité de la lumière, de la visibilité, ou d'espèces discrètes ou peu communes et dont les dessins et/ou les photos prises sous l'eau n'ont pas permis la détermination après comparaison avec les images et les descriptions dans la littérature ou après discussion avec des taxinomistes ichtyologues (Michel Kulbicki et John Randall). Ceci constitue clairement un inconvénient de l'interdiction de collecte pour la compilation de la liste d'espèces. Pour respecter le souhait des communautés locales, nous n'avons pas utilisé de poison ou des fusils à harpon pour attraper les poissons pour l'identification. Ceci a cependant réduit le nombre d'espèces recensées lors de cette étude, en comparaison avec des évaluations RAP en milieu marin effectuées dans d'autres pays et avec des études antérieures faites en Nouvelle Calédonie.

RÉSULTATS ET DISCUSSION

Au total, 630 espèces ont été recensées lors des inventaires effectués dans la région du mont Panié en Nouvelle Calédonie. 33 de ces espèces doivent encore être identifiées ; les estimations de ce rapport sont donc de 597 espèces.

Composition faunique générale

Les récifs du Mont Panié présentent de fortes similarités, en terme de composition faunique des poissons, avec les autres récifs de la région Indo-Pacifique. Les familles les plus abondantes en terme de nombre d'espèce sont les labres (Labridae), les poissons demoiselles (Pomacentridae), les gobies (Gobiidae), les mérous (Serranidae), les chirurgiens (Acanthuridae), les poissons papillons (Chaetodontidae), les poissons perroquets (Scaridae), les blennies (Blenniidae), les poissons cardinaux (Apogonidae), les lutjans (Lutjanidae) et les poissons écureuils/soldats (Holocentridae). Ces 11 familles occupent les rangs les plus élevés et représentent 66% des espèces des récifs du lagon du Mont Panié (Figure 1).

Les 10 familles les plus abondantes relevées lors des cinq RAP marins sont les mêmes (Tableau 1), mais dans un ordre variable. Le classement des poissons fouisseurs et des poissons des récifs aurait été probablement beaucoup plus élevé si des échantillons avaient pu être collectés avec du poison, notamment pour la famille des Gobiidae. De même, davantage de blennies et d'anguilles auraient peut-être pu être collectées.

Tableau 1. Classement des familles en terme de nombres d'espèces pour les inventaires RAP en milieu marin dans la région Indo-Pacifique entre 1997 et 2004. Les Holocentridae étaient classés 10ème ex-aequo avec les Lutjanidae, mais il n'y aucune donnée disponible sur cette famille sur la base des inventaires RAP antérieurs. Les données autres que celles de la présente étude sont fournies par Allen (2002b).

Famille	Région du Mt Panié, NC	Iles Raja Ampat	Province Baie de Milne	Iles Togean-Banggai	Iles Calamianes
Labridae	1	3	2	2	2
Pomacentridae	2	2	3	3	1
Gobiidae	3	1	1	1	3
Serranidae	4	5	5	5	5
Acanthuridae	5	7	8	8	7
Chaetodontidae	6	6	6	7	6
Scaridae	7	9	10	10	10
Bleniidae	8	8	6	6	8
Apogonidae	9	4	4	4	4
Lutjanidae	10	10	9	9	7

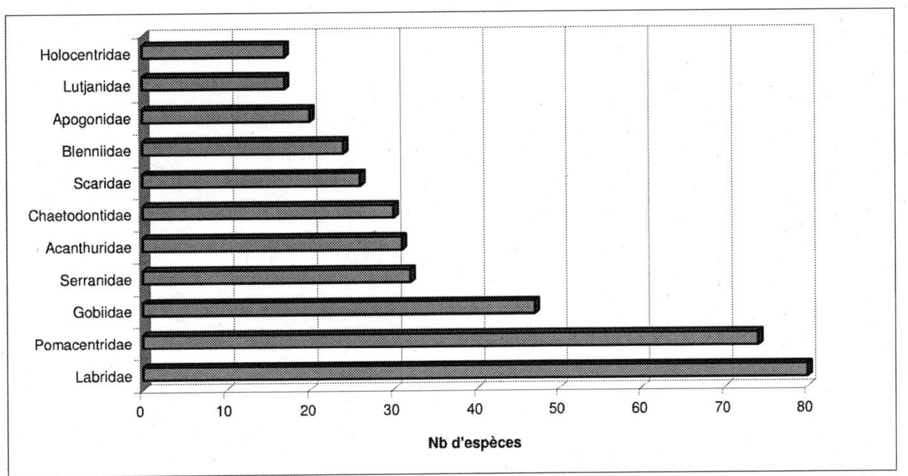

Figure 1. Les dix familles les plus importantes en terme de nombre d'espèces dans la région du lagon du Mont Panié en Nouvelle Calédonie.

Tableau 2. Nombre d'espèces observées sur chaque site du lagon du Mont Panié en Nouvelle Calédonie.

Site	Espèces	Site	Espèces	Site	Espèces
1	192	**15**	120	**29**	177
2	218	**16**	177	**30**	136
3	111	**17**	130	**31**	202
4	168	**18**	229	**32**	179
5	154	**19**	151	**33**	182
6	171	**20**	Pas de données	**34**	201
7	183	**21**	200	**35**	193
8	143	**22**	157	**36**	158
9	193	**23**	211	**37**	179
10	109	**24**	169	**38**	154
11	178	**25**	163	**39**	151
12	133	**26**	225	**40**	203
13	202	**27**	167	**41**	206
14	111	**28**	172	**42**	194

Diversité des poissons et habitats

Le nombre d'espèces ayant pu être identifiées lors de cette étude est de 597. Cependant, il reste à identifier 33 autres espèces. De ce fait, 630 espèces au total sur les 1124 connues d'espèces des récifs et espèces associées aux récifs en Nouvelle Calédonie ont été trouvées dans les récifs de la région du Mont Panié (57%). Pour l'analyse de cet inventaire, le nombre total considéré sera de 597 espèces. Le nombre d'espèces par site se situait entre 109 et 229 (Tableau 2) avec une moyenne de 172.

Un site est considéré comme excellent en terme de biodiversité de poissons si l'on y relève 200 espèces ou plus (Allen 2002a). Les 10 sites les mieux classés parmi ceux inventoriés dans le lagon du Mont Panié contenaient au moins chacun 200 espèces de poissons (Tableau 3). Lors des RAP marins antérieurs, cette situation n'a été relevée qu'à Raja Ampat en Indonésie et dans la province de la baie de Milne en Papouasie Nouvelle Guinée.

Tableau 3. Les dix sites les plus riches en poissons lors de l'inventaire en 2004 du lagon du Mont Panié en Nouvelle Calédonie.

Site	Nombre total d'espèces de poissons
18	229
26	225
2	218
23	211
41	206
40	202
13	202
31	202
34	201
21	200

Cependant, en comparaison avec les autres évaluations RAP en milieu marin, seuls deux de ces sites se classent parmi les 25 premiers sites pour la biodiversité dans la région Indo-Pacifique. Les 20 sites les mieux classés en termes d'espèces de poissons abritaient entre 224 et 283 espèces par site (Tableau 4). Les lignes en gras représentent les sites de la présente étude.

Habitats

Les schémas de répartition spatiale des poissons des récifs sont déterminés par une combinaison de facteurs biologiques

Tableau 4. Les 25 sites les mieux classés en termes d'espèces lors des inventaires RAP en milieu marin entre 1997 et 2004. PBM= province de la baie de Milne. Toutes les données autres que celles de la présente étude sont fournies par Allen (2002a, 2002b).

Classement	Localisation	Nb. d'esp. poissons
1	Cap Kri, Raja Ampat, Indonésie	283
2	SE de l'île Miosba, S Fam I. Raja Ampat, Indonésie	281
3	Ile Boirama, PBM	270
4	Est île Irai, PBM	268
5	Ile Dondola, îles Togean	266
6	Ile Keruo, Raja Ampat, Indonésie	263
7	Ilôt Scub, île Sanaroa, PBM	260
8	Ile Equator, côté est, Raja Ampat, Indonésie	258
9	Extrême NO île Batanta, Raja Ampat, Indonésie	246
10	Récif Wahoo, cap Est, PMB	245
10	Mukawa, cap Vogel, PMB	245
12	Ile Kri camp plongée, Raja Ampat, Indonésie	244
13	Ile Boia-boia Waga, cap Est, PMB	243
14	Ile West Irai, groupe Conflict, PMB	241
15	Récif barrière ouest, île Rossel, PMB	238
16	Kathy's Corner, cap Est, PMB	236
17	Gabugabatua, groupe Conflict, PMB	235
18	Ile Hardman, îles Laseinie, PMB	234
19	RécifTawal, archipel Louisiade, PMB	232
20	Pointe nord île Unauna, îles Togean	230
21	**Récif, Nouvelle Calédonie**	**229**
22	SE île Butchart, îles Engineer, PMB	227
23	Récif Sardine, Raja Ampat, Indonésie	226
24	**Récif, Nouvelle Calédonie**	**225**
24	Ile Punawan, Bramble Haven, PMB	225
25	Ouverture Swinger, île Rossel, PMB	225

(recrutement, compétition et prédation) et de facteurs physiques comme la disponibilité de nourriture et l'abri fourni par l'habitat récifal (Hixon et Beets 1993). Les relevés les plus importants de biodiversité étaient généralement enregistrés sur les sites présentant la plus grande variation de l'habitat et de l'eau claire (Tableau 5). Le site 18 est une pente récifale externe, aux eaux profondes et aux courants périodiques forts, présentant des grottes et des parcelles sablonneuses. En général, ces caractéristiques étaient typiques des sites de récifs externes de la zone. De manière intéressante, le site 26, qui était le deuxième site le plus riche en espèces, était à l'intérieur d'un récif barrière externe. Le site présentait une pente douce à partir de 10 m jusqu'à un mètre de profondeur, avec des grands bommies éparpillés sur les gravats et le sable. La structure physique des arrières récifs présentait de nombreuses grottes et crevasses. Les espèces de poissons relevées sur chaque bommie semblaient différentes de celles des bommies voisins, et le sable/gravats parmi les bommies contenait des espèces qui n'avaient pas été observées auparavant. Le site était proche d'un passage sur le récif, avec un fort mouvement périodique des eaux, ce qui pouvait être un autre élément d'explication du nombre élevé d'espèces.

Bien que tous les types d'habitat des récifs aient été représentés dans le tableau 3, les pentes des récifs barrières externes étaient en général les sites les plus riches en espèces (Tableau 5). Ces sites présentaient une bonne visibilité, un fort mouvement des eaux (obs. pers.) et une grande variété de structure de l'habitat qui fournit un refuge à des poissons de toutes tailles. En opposition, le récif frangeant avait plus de turbidité, moins de variabilité et de structure de l'habitat et un mouvement des eaux moins fort. La catégorie des « arrières récifs » était divisée en deux, afin de déterminer si les « arrières récifs barrières externes » étaient différents des « arrières récifs du lagon ». Une analyse de variance (ANOVA) à sens unique n'a pas permis d'établir de différences statistiques entre les nombres d'espèces observées dans tous les types d'habitats du récif ($p = 0,06$, $df = 4,36$).

Espèces menacées

De nombreuses espèces menacées présentes sur la liste rouge des espèces menacées/en danger de l'UICN ont été observées lors des inventaires (Table 6).

Indice de la diversité de poissons coralliens - Coral Fish Diversity Index (CFDI)

Allen (1998) a mis au point une méthode pratique d'estimation de la biodiversité ichtyologique qui existerait en théorie dans une région ou un pays. Cette technique utilise six familles clés communes et facilement visibles : les Acanthuridae, les Chaetodontidae, les Labridae, les Pomacanthidae, les Pomacentridae et les Scaridae. Le nombre total d'espèces pour chacune de ces familles est additionné pour fournir un indice de la diversité des poissons coralliens (*Coral Fish Diversity Index* ou CFDI) pour une plongée unique, pour des zones géographiques relativement restreintes (par exemple le lagon du Mont Panié) ou pour des pays ou des régions étendues (par exemple la Nouvelle Calédonie). Allen (1998) a utilisé une analyse de la régression linéaire pour 35 régions indo-pacifiques pour lesquelles il existe des listes fiables d'espèces afin de déterminer une formule de prédiction. Deux

Tableau 6. Observations des espèces sur la Liste rouge de l'UICN lors du RAP marin en Nouvelle Calédonie 2004. Des catégories menacées de statut de la liste rouge de l'UICN sont montrées entre parenthèses: DD données insuffisantes; NT quasi menacée; Vu vulnérable; En menacée. En raison de leur statut menacée, nous démuni avons inclus ici les emplacements précis où ces espèces ont été enregistrées.

Espèces	Nom commun
Aetobatus narinari (DD)	Raie aigle
Carcharhinus amblyrhynchos (NT)	Requin gris de récif
Carcharhinus leucas (NT)	Requin bouledogue
Carcharhinus melanopterus(NT)	Requin pointes noires
Cephalopholis boenak (DD)	Mérou chocolat
Cheilinus undulatus (EN)	Poisson napoléon
Cromileptes altivelis (DD)	Mérou à hautes voiles
Epinephelus Fuscoguttatus (NT)	Mérou marbré
Nebrius ferrugineus (VU)	Requin nourrice fauve
Plectropomus leopardus (NT)	Saumonée léopard
Stegostoma fasciatum (VU)	Requin léopard
Trianodon obesus (NT)	Requin corail pointe blanche
Urogymnus asperrimus (VU)	Pastenague sans dard

Tableau 5. Relation entre le type d'habitat et le nombre d'espèces par site. Les intervalles de nombre d'espèces sont entre parenthèses.

Type d'habitats	N° sites	Sites	Nb esp. moyen /site (intervalle)
Récif frangeant	9	8,14,15,28,29,30,33,41,42	160 (111-206)
Arrière récif	18		174 (133-203)
Arrière récif- lagon	5	5,7,11,39,40	174 (154-203)
Arrière récif- barrière	13	3,4,6,10,17,19,22,23,24,26b,31,36,38	163 (109-225)
Récif lagon- front	8	9,12,13,25,27,32,37	174 (133-202)
Récif barrière- front	7	1,2,16,18,21,34,35	201 (177-229)

formules ont été développées : une pour les zones avec une surface marine environnante inférieure à 2000km^2 et une autre pour les zones avec une surface marine environnante supérieure à 50000km^2. Pour plus de détails, se référer à Allen (1998). Les formules résultantes sont :

1. Faune totale des zones avec une surface marine environnante supérieure à 50000km^2 = 4,234 (CFDI) – 114,446 (d.f. = 15; R^2= 0,964: P = 0,0001);
2. Faune totale des zones avec une surface marine environnante inférieure à 2000km^2 = 3,39 (CFDI) – 20,595 (d.f. = 18; R^2 = 0,96; P = 0,0001).

Le CFDI pour le lagon du mont Panié était de 255 et comprenait les totaux suivants pour les espèces indiquées : Labridae (80), Pomacentridae (74), Acanthuridae (31), Chaetodontidae (30), Scaridae (26), et Pomacanthidae (14).

En prenant en compte le fait que la Nouvelle Calédonie soit située juste à la limite du « Triangle de corail » constitué par l'Indonésie, les Philippines, la Papouasie Nouvelle Guinée et le nord de l'Australie, le CFDI du lagon du mont Panié était relativement élevé en comparaison avec d'autres endroits de la région Indo-Pacifique (Tableau 7). Cependant, la proximité de la Nouvelle Calédonie au « Triangle de corail » renforce l'hypothèse de la grande diversité spécifique de la région Indo-Australienne et de la diminution en richesse spécifique à mesure que l'on s'éloigne de l'épicentre. Les faibles nombres pour la colonne « observations de poissons des récifs » au lagon du Mont Panié, en comparaison avec les « estimations de poissons des récifs », auraient été supérieurs si nous avions été autorisés à utiliser du poison ou des harpons pour prélever des espèces discrètes ou inconnues. Pour les chercheurs, ceci illustre l'importance des

Tableau 7. Indice de diversité des poissons coralliens (*Coral Fish Diversity Index* --CFDI) pour des endroits précis de la région Indo-Pacifique. Toutes les données autres que celles de la présente étude sont fournies par Allen (2002a, 2002b).

Sites	CFDI	Observations Poissons réc.	Estimations Poissons réc.
Baie de Milne, Papouasie Nouvelle Guinée	337	1109	1313
Baie de Maumere, Flores, Indonésie	333	1111	1107
Iles Raja Ampat, Indonésie	326	972	1084
Iles Togean et Banggai, Indonésie	308	819	1023
Iles Komodo, Indonésie	280	722	928
Iles Calamianes, Philippines	268	736	888
Madang, Papouasie Nouvelle Guinée	257	787	850
Lagon Mont Panié, Nouvelle Calédonie	**255**	**597**	**844**
Baie de Kimbe, Papouasie Nouvelle Guinée	254	687	840
Manado, Sulawesi, Indonésie	249	624	823
Groupe Capricorn, Grande barrière de corail	232	803	765
Récifs Ashmore/Cartier, mer de Timor	225	669	742
Ile Kashiwa-Jima, Japon	224	768	738
Récifs Scott/Seringapatam, Australie occ.	220	593	725
Iles Samoa, Polynésie	211	852	694
Iles Chesterfield, mer de Corail	210	699	691
Sangalakki, Kalimantan, Indonésie	201	461	660
Iles Bodgaya, Sabah, Malaisie	197	516	647
Pulau Weh, Sumatra, Indonésie	196	533	644
Iles Izu, Japon	190	464	623
Ile Christmas, océan Indien	185	560	606
Ile Sipidan, Sabah, Malaisie	184	492	603
Rowley Shoals, Australie occ.	176	505	576
Nord-ouest de Madagascar	176	463	576
Atoll Cocos-Keeling, océan Indien	167	528	545
Cap nord-ouest, Australie occ.	164	527	535
I.Tunku Abdul Rahman, Sabah, Malaisie	139	357	450
Ile Lord Howe, Australie	139	395	450
Iles Monte Bello, Australie occ.	119	447	382
Ile Bintan, Indonésie	97	304	308
Côte du Kimberley, Australie occ.	89	367	281
Ile Cassini, Australie occ.	78	249	243
Ile Johnston, Pacifique central	78	227	243
Atoll Midway, Pacifique, Etats Unis	77	250	240
Rapa, Polynésie	77	209	240
Ile Norfolk, Australie	72	220	223

poisons dans la tentative de rassembler une liste scientifique exhaustive des espèces pour les sites de plongées, les régions ou les pays. Cependant, grâce à l'utilisation du CFDI mis au point par Allen, les organisations de conservation n'ont pas besoin de nuire à l'environnement pour pouvoir établir une estimation pour une zone donnée à des fins de conservation.

Extensions d'aires de distribution

La Nouvelle Calédonie fait partie de la communauté faunique Indo-Pacifique occidentale. La communauté faunique des poissons récifaux présente de nombreuses similarités avec celle de la Grande barrière de corail en Australie. Sur la base de l'examen de la littérature et de discussions approfondies avec Michel Kulbicki, il a été déterminé que 12 à 20 espèces recensées au lagon du mont Panié n'avaient pas été recensées auparavant en Nouvelle Calédonie. Les espèces confirmées comprennent *Acanthurus bariene, Blenniella periophthalmus, Ctenogobiops aurocingulus, Ctenogobiops crocineus, Cymolutes torquatus, Dischistodus melanotus, Halichoeres richmondi, Heteroconger polyzona, Ostracion solorensis, Oxycheilinus rhodochorous, Pseudochromis cyanotaenia* et *Rhineacanthus verrucosus.* Plusieurs autres espèces sont en attente de confirmation et font l'objet d'une étude supplémentaire.

CONCLUSIONS

La diversité en poissons des récifs du lagon du mont Panié apparaît relativement élevée en comparaison avec d'autres sites connus pour abriter un niveau élevé de diversité. Les caractéristiques suivantes illustrent cette constatation. (1) Il n'y a aucune aire protégée marine formellement établie dans ces récifs, mais les communautés locales se sont imposées des tabous sur des sites où les activités d'extraction sont interdites à toute personne les visitant. (2) Il n'y a apparemment pas de pratique de pêche illégale destructrice, comme l'utilisation d'explosifs ou de cyanure, dans cette zone et (3) Des signes de pêche ont été observés sur 52% des sites (voir texte principal).

En considérant la position géographique de la Nouvelle Calédonie par rapport au « Triangle de corail », les résultats de cet inventaire sont prévisibles mais un peu surprenants lorsqu'ils sont comparés aux résultats des RAP marins antérieurs (Tableau 8). Les résultats pour le lagon du Mont Panié montrent que ce site présente une diversité spécifique plus élevée que deux des cinq sites du « Triangle de corail ». Si des techniques extractives comme l'utilisation d'ichthyocides avaient été utilisées lors de cet inventaire, les faibles nombres enregistrés pour les espèces discrètes (comme par exemple celles de la famille des Gobiidae) auraient fortement augmenté, entraînant probablement une augmentation du nombre total d'espèces par site, du nombre moyen d'espèces par site et peut-être le nombre de sites contenant plus de 200 espèces. Si cela avait été le cas, les résultats présentés auraient été équivalents voire supérieurs à ceux des inventaires RAP marins précédents réalisés dans le « Triangle de corail ».

Tableau 8. Comparaison des données des sites pour les inventaires RAP marins de 1997 à 2004. Toutes les données autres que celles du présent inventaire sont fournies par Allen (2002a, 2002b).

Nombre de sites	Moyenne esp./site	Nombre de sites 200 +	Nb esp. max/site
110	192	46 (42%)	270
45	184	23 (51%	283
47	173	9 (19%)	266
41	**172**	**10 (24%)**	**229**
21	158	4 (10.5%)	208
38	138	0	186
30	117	0	166

RÉFÉRENCES

Allen, G.R. 2005. Reef fishes of northwest Madagascar. In: McKenna, S.A., et Allen, G.R. (eds) A Rapid Marine Biodiversity Assessment of the Coral Reefs of Northwest Madagascar (2005). RAP Bulletin of Biological Assessment 31. Conservation International, Washington, DC, USA

Allen, G.R. 2002a. Reef Fishes of Milne Bay Province, Papua New Guniea. In: Allen, G.R., Kinch, J.P., McKenna, S.A. et Seeto, P. (eds.). A Rapid Marine Biodiversity Assessment of Milne Bay Province, Papua New Guinea-Survey II (2000). RAP Bulletin of Biological Assessment 29. Conservation International, Washington DC, USA.

Allen, G.R. 2002b. Reef Fishes of the Raja Ampat Islands, Papua Province, Indonesia. In: McKenna, S.A., Allen, G.R. et Suryadi, S. (eds). A Marine Rapid Assessment of the Raja Ampat Islands, Papua Province, Indonesia 2001. RAP Bulletin of Biological Assessment 22. Conservation International, Washington DC, USA.

Chittaro, P.M. 2004. Fish-habitat Associations Across Multiple Spatial Scales. Coral Reefs 23: 235-244.

Hixon, M.A. et Beets, J.P. 1993. Predation, Prey Refuges, and the Structure of Coral-reef Fish Assemblages. Ecological Monographs 63: 77–101.

Kulbicki, M., Labrosse, P. et Letourneur, Y. 2000. Fish Stock Assessment of the Northern New Caledonian Lagoons: 2 – Stocks of Lagoon Bottom and Reef-associated Fishes. Aquat. Living Resour. 13 (2): 77–90.

Laboute, P. et Grandperrin, R. 2000. Poissons de Nouvelle Calédonie. Edition: Catherine Ledru.

Letourneur, Y., Kulbicki, M. et Labrosse, P. 2000. Fish Stock Assessment of the Northern New Caledonian Lagoons: 1 – Structure and Stocks of Coral Reef Fish Communities. Aquat. Living Resour. 13 (2): 65–76.

Lieske, E. et Myers, R. 2001. Collins Pocket Guide to Coral Reef Fishes: revised edition. Publishers: Princeton University Press. 400pp.

Olsen, D.M. et Dinerstein, E. 2002. The Global 200: Priority Ecoregions for Global Conservation. Ann. Missouri Bot. Gard. 89:199-224.
Randall, J.E., Allen, G.R. et Steene, R.C. 1997. Fishes of the Great Barrier Reef and Coral Sea. University of Hawaii Press, USA. 557pp.
Roberts, C.M, McClean, C.J., Veron, J.E.N., Hawkins, J.P., Allen, G.R., McAllister, D.E., Mittermeier, C.G., Schueler, F.W., Spalding, M., Wells, F., Vynne, C. et Werner T.B. 2002. Marine Biodiversity Hotspots and Conservation Priorities for Tropical Reefs. Science 295: 1280-1284.

Chapitre 3

L'évaluation d'espèces marines macro-invertébrées exploitées

Steve Lindsay et Sheila A. McKenna

RÉSUMÉ

- L'évaluation d'espèces ciblées de concombres de mer ("bêche-de-mer") et de mollusques (*Trochus niloticus* et bénitiers géants), fut faite sur une totalité de 42 sites avec une profondeur maximale de 12 mètres. Les renseignements présentés sur les populations échantillonées sont une information préliminaire, compte tenu des contraintes spatiales et temporelles. Il ne se trouve aucune autre information antérieure sur ces espèces et ces sites. Aucune réglementation concernant la pêche de ces espèces ne doit être établie ou modifiée, basée sur les données préliminaires de cette étude.

- Les communautés locales collectent à pied ou en apnée, et pêchent à but professionel ou vivrier. Les produits sont vendus aux opérateurs commerciaux externes à la communauté.

- Une totalité de 18 espèces d'holothuries (concombre de mer) fut observée. La diversité la plus élevée d'holothuries pour tous les sites était de 11 espèces. En tout, une diversité de sept espèces ou plus fut rapporté pour 14 sites lors de notre évaluation. La densité de concombres de mer variait selon le type de récif, la zone géographique et l'espèce. Celle-ci était basse pour les deux espèces exploitées professionellement, *Holothuria nobilis* et *Thelenota ananas*, présentés sur 29 des sites évalués (60% de la totalité des sites).

- Les données sur la collecte de Trocas issues de la Province Nord et celles obtenues ici indiquant une population de faible densité, suggèrent une surexploitation de cette espèce. Il est recommandé d'entreprendre d'urgence une évaluation étendue de ces populations. La moyenne du diamètre de base linéaire pour *T. niloticus* était similaire pour les trois zones géographiques et pour les récifs de type intermédiaire et barrière.

- Seulement cinq espèces de bénitiers géants ont été recensé sur la totalité des sites, et l'absence de *Tridacna gigas* fut observée . Les populations de bénitiers semblent pauvres pour la pluplart des espèces.

- Une étude complémentaire plus approfondie et intensive sur une durée plus longue (5 ans ou plus) s'avère nécessaire pour l'évaluation des stocks d'espèces ciblées. Celle-ci comprendrait l'évaluation des populations sur un plus grand nombre de sites et à une profondeur au-delà de 12 mètres.

INTRODUCTION

En général, les Programme d'Evaluation Rapide (PER) sont entrepris afin de fournir une base de données sur la biodiversité de certain groupes marins, en recueillant des renseignements sur l'espèce (abondance relative), l'habitat et le site. Bien que de telles informations soient importantes à la protection et à la conservation de la biodiversité, des renseignements complémentaires s'avèrent aussi nécessaire, surtout lorsqu'il s'agit de gestion. Par conséquence, une évaluation des populations des macro-invertébrés exploités fut enterprise afin d'obtenir quelques données de bases sur ces espèces. Les espèces étudiées comprennent les holothuries, les trocas et les bénitiers. Le but de cette évaluation est de recueillir une information préliminaire sur certains sites permettant de mettre en place un plan de gestion favorisant la protection et la conservation de ces espèces dans la zone échantillonée. Il est important de noter que cette évaluation est une première étude et que les réglements concernant l'exploitation de ces espèces ne peuvent être établis ou modifiés basés uniquement sur les données obtenues. Pour cela, il sera nécessaire d'entreprendre une série d'évaluations plus complètes sur une période plus longue, à utiliser avec d'autres données, comme par exemple celles issues de la pêche professionelle ou vivrière. L'information publiée ici ne reflète qu'un point fixe de la population échantillonée, dû aux contraites temporelles et spatiales de notre étude. La pénurie de données antérieures pour chacun des sites recensés ne permet pas une évaluation sur l'état et la trajectoire de ces populations.

Tous les récifs échantillonées appartiennent en commun aux propriétaires traditionnels qui controlent les droits d'usagers. Certaines restrictions d'usage sont déjà mis en place pour quelques sites/espèces. Ces sites "tabous" servent à multiples activités et se doivent être une composante essentielle du plan de gestion (voir chapitre 6). La pêche vivrière est une activité journalière dans cette zone. Les méthodes et engins de pêche actuels pour la pêche vivrière et commerciale des espèces d'invertébrés se limitent dans cette région aux zones peu profondes. La collecte à pied, faite par hommes et femmes à marée basse; et le harponnage en apnée, sont deux méthodes de pêcher les invertébrés. Les méthodes de pêches plus intensives, ainsi que l'utilisation d'engins plus techniques (comme le hookah) n'ont pas été rapporté ou observé.

La récolte de la majorité des espèces invertébrés, y compris les bénitiers, les coquillages et les crustacés (par exemple la langouste et le crabe de mangrove) est d'ordre vivrière. Les holothuries sont pêchés quasi-exclusivement pour le commerce de la bêche-de-mer. La pêche du troca aussi, bien que d'ordre vivrière, a des fins commerciales. Ce chapitre discute des holothuries, des trocas et des bénitiers. D'autre part, l'on peut brièvement noter que les squelettes coralliens ainsi que les coquillages, comprenant une variété de mollusques, sont souvent collectés et vendus aux touristes le long de la route. On envisage de placer les coraux (sauf *Acropora* et *Fungia*) et les coquillages du genre *Cyprae*, les céphalopodes *Nautilus macromphalus et Charonia tritoni*, ainsi que *Cymbiola sp* sur la liste des espèces protégées de la Nouvelle Calédonie pour la Province Nord.

Les Holothuries (Concombre de Mer)

On se réfère aux termes de la pêcherie en utilisant le terme "bêche-de-mer" pour indiquer l'animal mort préparé à fin commerciale, et le terme "concombre de mer" pour l'animal frais/vivant. Les termes employés par Le "World Fish Centre" décrivant le genre et l'espèce des holothuries seront utilisés ici. L'exploitation commerciale des concombres de mer dure depuis plusieurs décennies en Nouvelle Calédonie, et s'effectue dans les Province-Nord, Province-Sud et Iles de Loyauté. Tous les holothuries collectés à fins commerciales sont membres de la classe Aspidochirodiae, de grande taille avec la paroi épaisse. Une fois récolté, les animaux sont bouillis, nettoyés, séchés et dans certains cas fumés, comme traitement de transformation. Le produit final, ayant une texture de caoutchouc dur, est normalement re-hydraté avant d'être consommé (Wright & Hill 1993). La Bêche-de-mer est considérée en Chine et en Asie du Sud-Est comme étant un produit goûté ainsi qu'un aphrodisiaque. Le produit final, sa récolte facile et transformation simple en font une espèce recherchée dans les communautés tropicales isolées.

Les holothuries sont variés; invertébrés marins, ils ont un rôle important dans le recyclement des nutriments et des processus de "bioturbation" dans les communautés benthiques marines (Skew et al. 2002). Ils ont un mode de reproduction asexué ou sexué. Le type de reproduction selon l'espèce est inconnue dans la majorité des cas. La reproduction sexuelle comprend l'émission des gamètes mâles et femelles (en général les sexes sont separés) dans l'eau, et l'œuf fertilisé se dévelope en larves nageuses. Les larves se métamorphosent plusieurs foid durant ce stade et la durée du cycle larvaire est selon l'espèce et la région. Les espèces d'importance commerciale vivent sur le fond, se nourrisant principalement de matières orgnaniques obtenues à partir du substrat. La matière organique consommé est en grande partie d'origine bactérienne. Les espèces se distribuent individuellement selon la disponibilité de l'habitat et selon leur préférence. Il se trouve plusieurs espèces d'holothuries dans l'Indo-Pacifique tropicale, cependant, moins d'une douzaine ont une valeur marchande élevée et sont vendus sur le commerce. La pêcherie de bêche-de-mer est sujette à la surexploitation et le recouvrement des populations démunies est lente et sporadique, surtout pour les espèces d'eau moins profonde, telle que *Holothuria scaba* (sandfish) et *H. nobilis* (black teat fish) (Skewes et al., 2002)

La pêche de concombre de mer dans la zone d'échantillonage, concernant l'exploitation de 9 espèces, est une activité relativement récente. Deux espèces, de valeur économique supérieure, sont préférés par les commerçants. Celles-ci sont *Holothuria nobilis* et *Thelenota ananas.* Les propriétaires de la ressource communautaire collectent les concombres de mer et les vendent aux companies de pêche commerciale. Le produit est vendu principalement frais ou salé, et est transformé par les opérateurs commerciaux. Lors de notre évaluation, les communautés de Hienghène ne récoltaient pas d'holothuries, alors que les communautés de Pweevo (Pouébo) en récoltaient sur leurs récifs. Les statistiques issus du gouvenement provincial indique qu'en 2003-2004, plus de 6000 kg de bêche-de-mer comprenant 2900 kg de *H. nobilis* et 3,353 kg de *T. ananas*, furent récoltés sur les récifs de Pweevo (Pouébo). La valeur marchande était estimé à 794,660 FCFP (US $10,000).

Il n'y a pas de réglementation spécifique se rapportant à la taille, au nombre ou à l'espèce d'holothurie pêchée commercialement dans la Province Nord. La seule exception étant l'interdiction de la plongée en bouteille comme moyen de récolte pour les concombres de mer ou pour toutes autres espèces "pêchées sous l'eau". Il n'y a pas non plus de permis à obtenir pour récolter la bêche-de-mer dans la Province Nord, bien qu'une autorisation de pêche soit obligatoire pour tous les bateaux. Légalement, n'importe qui peur récolter les holothuries, cependant l'exploitation se limite en général aux communautés et aux clans régionaux ayant les droits de propriété sur les zones maritimes. Un programme de gestion est en voie de dévelopement dans la Province-Nord pour la pêcherie de la bêche-de-mer, comprenant une gamme d'options gestionnaires sur les limites de taille et les aires marines protégées.

Troca

Le troca (*Trochus niloticus*) est un gastropode marin récifale, distribué naturellement sur une vaste zone de l'Indo-Pacifique. *Trochus niloticus* est une espèce endémique à la Nouvelle Calédonie et sa récolte est d'ordre vivrière et commerciale. Le troca est collecté des récifs à la main, soit en marchant à marée basse, ou alors en apnée. Les propriétaires de la ressource communautaire vendent les produits (coquille et chair) aux companies de pêche commerciale. La couche intérieure nacrée sert à la confection de boutons de chemise de qualité ou alors est utilisé comme ornement. La coquille est découpé en suivant le contour, et plus tard est nettoyé et poli. La chair sert en grosse partie comme aliment quotidien, bien qu'un pourcentage peut aussi être vendu. On utilise la coquille pour bouillir et extraire la chair, qui comprend en moyenne 15% du poids total vivant.

Les trocas habitent les platiers coralliens, les passes houleuses, la zone récifale arrière et aussi les récifs à proximité des passes du lagon principal, où l'on trouve une bonne croissance d'algues calcaires dont ils se nourrissent. Les trocas abondent dans les récifs côté vent et sont rarement vus à plus de 8 mètres de profondeur. Les trocas sont visibles et donc faciles a recueillir en tous temps, ils sont cependant plus actif de nuit. Les juvéniles de trocas se trouvent à l'origine sur les platiers mais en grandissant avancent vers le bord du récif dans les passes houleuses. La taille maximale est de 18 cm (diamètre de base) à l'âge de 15 ans. Ils deviennent mûres lorsqu'ils atteignent 6 ou 7 cm (environ 3 ans) et les sexes sont séparés (dimoïque). L'émission des gamètes s'effectue la nuit lors de la nouvelle lune. La ponte est continue dans les latitudes inférieures avec un certain pourcentage de la population étant gravide au long de l'année. Le cycle larvaire de *T. niloticus* est court, les larves atteignant le stade de fixation trois jours après la ponte.

L'exploitation des trocas est rapporté comme étant plus élevée sur les récifs de Pweevo (Pouébo) que de Hienghène. Les statistiques fournis par le gouvernement de Province Nord indique qu'en 2003-2004, 181 kg de coquilles et chair de trocas furent récoltés et vendus à but commercial pour Hienghène, avec une valeur estimée à 45,140 FCFP (USD $50,000). Par contre, 5000 kg de coquilles et chair de trocas furent récoltées à Pweevo (Pouébo), et vendues pour une valeur estimée à 1,167,040 FCFP (US $12,800). Le rapport poids chair:coquille vendu pour l'année 2003-2004 est de 8% (chair) pour Hienghène et 3% pour Pweevo (Pouébo).

La pêche de trocas à fins purement commercial nécessite un permis spécial à renouveller une fois l'année. La récolte des trocas est permise à longueur d'année, cependant les lois gouvernementales nationals et les réglementation indiquent clairement l'interdiction de pêcher les trocas ayant un diamètre de base inférieure à 9 cm, qu'elle soit d'ordre commerciale ou vivrière. Le teneur de permis doit obligatoirement avoir une jauge en sa possession ou à bord capable de mesurer le diamètre. La loi est bien réglementée et protège au moins les animaux de plus petite taille du commerce de coquillage. L'on ne rapporte ni anecdotes ni information officielle sur la pêche vivrière de trocas sous taille. L'export des coquilles de trocas est réglementé par un quota fixe annuel déterminé par le Service Territorial de La Marine Marchande et des Pêches Maritimes.

Les bénitiers géants.

La pêche de bénitiers géants est principalement d'ordre vivrier pour toutes espèces. Une proportion de la coquilles restante peut être vendue sur la route. Il se trouve 8 espèces de deux genres de bénitiers géants subsistant dans les eaux tropicales de l'Océan Pacifique et l'Océan Indien, dont 6 espèces trouvées en Nouvelle Calédonie. Celles-ci sont les suivantes: *Tridacna crocea*, *T. maxima*, *T. squamosa*, *T. derasa*, *T. gigas* et *Hippopus hippopus*. On a recensé cinq de ces espèces au cours de notre évaluation. De plus, l'existence de *Tridacna tevoroa* a été rapporté en Nouvelle Calédonie. Cependant, le premier auteur (SL) n'en est pas convaincu, étant donné l'occurrence de fausses identifications faites à partir de photos dans plusieurs publications maritimes. Dans l'attente d'une évidence sure (photos ou coquilles), les auteurs de ce document supposeront que cette espèce n'existe pas en Nouvelle Calédonie.

Toutes espèces de bénitiers géants ont un rapport symbiotique unique ave le dinoflagellé microscopique, *Symbiodinium microadriaticum*, aussi connu comme zooxanthelle (Copland et Lucas 1988). Les zooxanthelles vivent librement à l'intérieur des canaux sanguins situés à la surface du tissue du manteau du bénitier. Les produits photosynthétiques des zooxanthelles sont utilisés directement par le bénitier et ainsi pourviennent à plusieurs de leurs besoins nutritionels (Dalzell et al. 1993). En conséquence, la présence de la lumière est un facteur environmental important déterminant la croissance et la survie du bénitier. On trouve les bénitiers à marée basse et dans les eaux plus profondes jusqu'à environ 25 m, selon la clarté de l'eau. Chaque espèce démontre un habitat et une profondeur préférée sur les récifs coralliens.

Toutes espèces de bénitiers géants sont hermaphrodites et l'émission des spermatozoides se fait normalement en premier, suivie par celle des ovules. L'émission des gamètes s'effectue par le siphon de sortie, et peut stimuler d'autres bénitiers se trouvant à proximité d'émettre leurs gamètes, que cela soit dans un milieu naturel ou artificiel. La période de ponte dans les latitutes inférieures est continue avec un pourcentage de la population possédant des gamètes mûres au cours de l'année. Le cycle larvaire des bénitiers géants est de moins de deux semaines dans les régions proches de l'équateur.

La culture des bénitiers géants en milieu contrôlé, en mer et sur terre, est établie pour toutes les espèces. Les bénitiers sont élevés pour leur caractéristiques Les plus petites espèces multicolores de *T. maxima*, *T. crocea* et *T. squamosa* sont souvent recherchées par les aquariophiles. La longueur maximale de la coquille de *T. maxima* est de 35 cm, de 15 cm chez *T. crocea* et *T. squamosa*. Bien que *T. derasa* soit surtout cultivée comme aliment, elle est aussi vendue en aquarium. Cette espèce a une taille maximale de 60 cm, étant ainsi une des plus grandes espèces. *Hippopus hippopus* est cultivé commercialement comme aliment. Avec une longueur maximale de 40 cm, la coquille de *H. hippopus* est prisée et vendu sur le commerce (Braley 1987, 1992; Ellis 1999).

La coquille de *T. gigas*, la plus grande espèce, peut atteindre 137 cm de longueur (Braley 1992). Cette espèce souffre de la pression de pêche ainsi que de la dégradation environementale, au point d'en arriver à une extinction localisée dans certaines parties de L'Indo-Ouest Pacifique (Wells 1997, Newman et Gomez 2002).

Suite à cet épuisement des populations, des mesures réglementaires, ainsi que des programmes de mariculture et de re-peuplement ont été mis en place dans L'Indo-Ouest Pacifique. Jusqu'à présent la Nouvelle Calédonie n'a pas d'élevage commercial de cette espèce. En contrepartie, suite à la section socio-économique de cette étude, quelques tribus dans la région ont rapporté que l'abondance des bénitiers proches de la côte avait diminué, et qu'il est maintenant rare ou impossible de trouver les plus gros specimens.

Il n'y a pas de données statistiques disponibles sur le niveau d'exploitation des bénitiers géants sur la zone d'échantilllonage. Les bénitiers géants sont classées comme espèce protégée en Nouvelle Calédonie et sont sujets aux décisions prises par Province Nord. Toutes les espèces de bénitiers sont sur la liste de CITES, et un permis est obligatoire pour l'export de petites quantités de leurs coquilles. Les espèces *T. gigas* et *T. derasa* sont classées comme étant vulnérables sur la liste rouge de L'UICN.

METHODOLOGIE

L'évaluation des espèces marines d'invertébrées exploitées dans les sites échantillonés fut effectué d'après English et al (1997), par transect. Un parcours à la nage en temps mesuré ("timed-swim") permettait d'obtenir des renseignement sur les variations d'abondance des populations de récifs coralliens. L'observateur parcoure une certaine distance surle récif en recueillant des données. Ceci permet l'évaluation

Tableau 1. Le classement des sites basé sur la zone et le type de récif.

	Zone de Hienghène	Zone du Mont Panié	Zone de Pweevo (Pouébo)	Total par type de récif
Récif Frangeant	8, 14, 15	28, 29, 30	33, 41, 42	9 sites
Récif Intermédiaire	5, 7, 9, 10, 11, 12, 13	18, 19, 20, 27	25, 32, 37, 39, 40	16 sites
Récif Barrière	1, 2, 3, 4, 6	16, 17, 26	21, 22, 23, 24, 31, 34, 35, 36, 38	17 sites
Totalité de la Zone	15 sites	10 sites	17 sites	42 sites

Tableau 2. La surface moyenne (avec l'erreur type entre parenthèses) et la surface totale échantillonée sont présentées par la zone et le type de récif en m^2.

		Zone de Hienghène	Zone du Mont Panié	Zone de Pweevo (Pouébo)	Total par type de récif
Récif Frangeant	Mean area	2633 (1197.7)	2666.7 (333.3)	3333 (333.3)	2877 (388.6)
	Total area	7900	8000	10000	25900
Récif Intermédiaire	Mean area	3164 (274.9)	5300 (1875.4)	4200 (122.5)	4022 (489.6)
	Total area	22150	22700	21000	65850
Récif Barrière	Mean area	3440 (1332.9)	5167 (2048.0)	5000 (501.7)	4570 (568.6)
	Total area	17200	15500	40950	73650
Totalité de la Zone	Mean area	3150 (480.7)	4470 (954.6)	4470 (308.3)	3999 (317.2)
	Total area	47250	46200	71950	165,400

visuelle du récif sur une grande surface en un temps relativement court. Les transects durent entre 1 et 2 h, couvrant une distance linéaire de 80 à 400 mètres, et une largeur de 5 à 25m. La profondeur des transects était de 1 à 12 mètres. La profondeur maximale de 12 mètres reflète l'aire d'exploitation de la plupart des invertébrés marins. Tous les transects furent effectués entre les platiers, le bord récifale et la pente récifale pour tous les sites. A part les transects sur les récifs à l'arrière des lagons, les transects étaient perpendiculaires et parallèles à la crête du récif.

Une totalité de 42 transects, comprenant 17 transects sur les récifs barrières, 16 transects sur les récifs intermédiaires et 9 transects sur les récifs frangeants, furent effectués, couvrant une surface totale de 1,7km² sur les trois zones (Hienghène, Mont Panié, et Pweevo (Pouébo)). La Figure Carte 1 indique l'emplacement des sites évalués par transects. On doit bien noter que les données concernant la collecte des concombres de mer et fournies par Province Nord rapporte le montant de extrait à but commercial par les communes de Pweevo (Pouébo) et Hienghène. Étant donné l'importance de la zone terrestre protégée de Mont Panié, nos données sont analysés et rapportés pour trois zones (Tableau 1). La moyenne et la totalité de la surface échantillonée par zone et par catégorie de récif est aussi enregistrée. (Tableau 2).

Les données recueillies pour chaque transect comprend, la profondeur d'eau, la largeur du transect, la longueur du transect, le nombre total des concombres, trocas et bénitiers géants. De plus, les mesures linéaires du diamètre de base des trocas recensés sont rapportés. La longueur de la coquille de bénitiers est la distance la plus longue d'un bout à l'autre de la surface dorsale Toutes mesures étaient prises avec un mètre à ±0.1mm. Ces mesures linéaires n'ont pas été faites aux sites 1, 2, et 3.

Un point Système de Positionement Global (GPS en anglais), (latitude et longitude) fut noté au départ et à

Tableau 3. Le nombre total des espèces de concombres de mer observé pour tous les site. Les sites sont classés par zone géographique ((Hienghène, Mont Panié, and Pweevo (Pouébo)) et type de récif (Fr=frangeant, Int=intermédiaire et Br=barrière). Le nombre de sites échantillonés par zone et par type de récifs est représenté par n. Le nombre total des espèces par zone et par type de récif est aussi présenté.

Espèces	Zone Classée par Type de Récif									Le nombre total d'individus par espèce (pourcentage du total)
	Hienghène			Mont Panié			Pweevo (Pouébo)			
	Fr n = 3	Int n =7	Br n = 5	Fr n =3	Int n = 4	Br n = 3	Fr n = 3	Int n=5	Br n =9	
Bohadschia argus	0	2	10	7	76	6	110	36	36	283 (7.5)
B. graeffei	3	73	3	49	188	3	49	120	1	489 (13.0)
B. viteinesis	0	0	0	0	2	0	0	1	0	3 (0.1)
Stichopus chloronotus	0	743	5	0	453	191	9	13	112	1526 (40.6)
S. variegates	0	0	0	8	0	0	0	1	0	9 (0.2)
Holothuria fuscopunctata	0	0	1	0	40	23	45	35	7	151 (4.0)
H. nobilis	0	5	36	1	6	3	13	19	34	117 (3.1)
H. atra	11	20	0	42	190	1	24	148	43	479 (12.8)
H. palauensis	0	9	0	0	0	2	0	0	1	12 (0.3)
H. edulis	0	2	4	9	59	0	15	89	0	178 (4.7)
H. fuscogilva	0	0	0	0	0	1	0	0	1	2 (0.05
H. scabra (versicolor)	0	0	0	0	0	1	0	0	0	1 (0.03)
H. coluber	0	0	0	0	3	0	0	0	2	5 (0.13)
Actinopyga mauritiana	1	81	4	0	58	132	8	0	124	408 (10.9)
A. lecanora	0	0	0	2	1	0	0	2	1	6 (0.16)
A. miliaris	0	0	0	0	0	0	1	0	0	3 (0.08)
Thelenota ananas	0	5	12	1	4	19	0	8	27	76 (2.0)
T. anax	0	1	0	0	0	0	0	0	1	13 (0.35)
Nombre total d'individus par zone et par type de récif (pourcentage du total)	**15 (0.4)**	**941 (25)**	**75 (2)**	**130 (3.4)**	**1082 (28.8)**	**382 (10.2)**	**274 (7.3)**	**472 (12.5)**	**390 (10.4)**	**3760**
Nombre total d'espèces	**3**	**10**	**8**	**10**	**14**	**11**	**9**	**11**	**13**	

l'arrivée de chaque transect, et la distance nagée le long du transect fut prélevé sur le GPS en km. La largeur de chaque transect variait selon la clarté de l'eau, du vent et des conditions aquatiques, de la profondeur et de l'abondance de l'espèce. La distance parcourue est multipliée par la largeur du transect pour calculer la surface du récif échantilloné. La densité est calculée en divisant le nombre d'individus comptés par la surface du site échantilloné. La densité moyenne et l'écart-erreur sont donnés pour les espèces de concombres, trocas et bénitiers étudiés. La densité moyenne de concombre est calculée seulement pour les espèces d'immportance commerciale et pour les plus abondantes. La plupart des transects n'étaient pas en ligne droite, et donc la distance parcourue n'apparaît pas comme ligne droite entre les coordonnées GPS. Dû à un manque de personnel, une seule personne effectua le transect par site.

Des renseignements supplémentaires furent recueillis sur les tortues, les étoiles de mer, le pourcentage de corail vivant, la condition du récif, les formes dominantes benthiques, les genres dominants de corail dure ainsi que leur morphologie, et certaines espèces de poissons commerciaux. Ces informations furent prises par d'autres membres de notre équipe et sont présentées par ailleurs dans ce document. Les renseignements sur la condition du récif pour les eaux peu profondes sont au chapitre 5, tandis que toutes informations sur les poissons peuvent être lues dans le chapitre 2 sur la section "Diversité des Poissons". L'utilisation des ressources marines par les groupes intéréssés dans la région fut obtenue par un questionnaire socio-économique établi pour cette cause et qui fut l'objet d'une présentation et d'une discussion avec toutes les communautés impliquées dans l'exploitation de ces ressources marines. L'information qui en résulte est présenté dans le chapitre 6 de ce rapport.

RÉSULTATS ET DISCUSSION

Concombres de mer

Une totalité de 18 espèces de concombres furent observése sur les sites récifales échantillonés (Tableau 3). Treize espèces ont une valeur commerciale moyenne ou élevée (*Bohadschia argus*, *B. viteinesis*, *Stichopus chloronotus*, *S. variegatus*, *Holothuria fuscopunctata*, *H. noblis*, *H. fuscogilva*, *H. scabra* (*versicolor*), *Actinopyga mauritiana*, *A. lecanora*, *A. miliaris*, *Thelenota ananas* and *T. anax*), et cinq des espèces non aucune valeur commerciale (*Bohadschia graeffei*, *Holothuria atra*, *H. palauensis*, *H. edulis*, *H. coluber*).La plus grande diversité de concombres pour tous les sites était de 11 espèces. Au total, une diversité de 7 ou plus espèces de concombres fut recensée dans 14 sites au cours de notre étude. La densité des concombres de mer variait selon le type de récif, la zone géographique et l'espèce (Tableau 4).

Tableau 4. La densité moyenne d'espèces d'holothuries (concombres de mer) de valeur marchande moyenne1 et élevée pour tous les sites. Les sites sont classés par zone géographique ((Hienghène, Mont Panié, and Pweevo (Pouébo)) et type de récif (Fr=frangeant, Int=intermédiaire et Br=barrière). L'erreur-type est notée entre parenthèses sous la moyenne. Le nombre de sites échantillonés par zone et par type de récif est représenté par n.

Espèces	Zone Classée par Type de Récif								
	Hienghène			Mont Panié			Pweevo (Pouébo)		
	Fr n = 3	Int n = 7	Br n = 5	Fr n = 3	Int n = 4	Br n = 3	Fr n = 3	Int n=5	Br n=9
Bohadschia argus	0	1.6×10^{-4} (1.6×10^{-4})	1.0×10^{-3} (1.0×10^{-3})	1.0×10^{-3} (1.0×10^{-3})	2.0×10^{-3} (2.0×10^{-3})	3.0×10^{-4} (1.5×10^{-4})	1.1×10^{-3} (3.0×10^{-3})	2.0×10^{-3} (1.0×10^{-3})	1.0×10^{-3} (2.6×10^{-4})
Stichopus chloronotus	0	3.2×10^{-2} (2.0×10^{-2})	1.0×10^{-2} (4.2×10^{-4})	0	1.9×10^{-2} (1.1×10^{-2})	1.4×10^{-2} (1.4×10^{-2})	1.0×10^{-3} (1.0×10^{-3})	1.0×10^{-3} (2.9×10^{-4})	2.0×10^{-3} (1.0×10^{-3})
Holothuria fuscopunctata	0	0	4.4×10^{-5} (4.4×10^{-5})	0	1.0×10^{-3} (1.0×10^{-3})	1.0×10^{-3} (1.0×10^{-3})	4.0×10^{-3} (3.0×10^{-3})	2.0×10^{-3} (2.0×10^{-3})	1.1×10^{-4} (6.1×10^{-5})
H. nobilis	0	2.6×10^{-4} (1.47×10^{-4})	4.0×10^{-3} (2.0×10^{-3})	1.1×10^{-4} (1.1×10^{-4})	3.6×10^{-4} (3.3×10^{-4})	1.9×10^{-4} (1.3×10^{-4})	1.0×10^{-3} (1.0×10^{-3})	1.0×10^{-3} (3.4×10^{-4})	1.0×10^{-3} (1.0×10^{-4})
Actinopyga mauritiana	1.1×10^{-4} (1.1×10^{-4})	4.0×10^{-3} (2.0×10^{-3})	3.0×10^{-4} (2.2×10^{-4})	0	7.0×10^{-3} (5.0×10^{-3})	2.2×10^{-3} (2.1×10^{-3})	1.0×10^{-3} (4.4×10^{-3})	0	3.0×10^{-3} (2.0×10^{-3})
T. ananas	0	2.4×10^{-4} (9.3×10^{-5})	1.0×10^{-3} (4.2×10^{-4})	0	1.0×10^{-4} (1.0×10^{-4})	1.0×10^{-3} (4.6×10^{-4})	0	3.6×10^{-4} (2.6×10^{-4})	1.0×10^{-3} (2.6×10^{-4})

1 Seulement les espèces d'holothuries ayant une valeur marchande moyenne sont incluses.

L'abondance générale des deux espèces ciblées (*H. nobilis et T. ananas*) était faible, et leur présence fut notée dans 29 des sites échantillonés (69% des sites). Malheureusement, il ne se trouve pas de données antérieures sur les stocks de *H. noblis* et *T. ananas*, relatives à l'espèce ou au site étudié, permettant une comparaison. Les populations de ces espèces devraient être évaluer reguliérement, pendant cinq ans au moins, permettant ainsi de préciser et suivre leur état, et fournissant par ailleurs les données nécessaires à la mise en place d'un plan de gestion. Les résultats de notre étude sur les espèces non-ciblées commercialement semblent reflèter l'abondance des stocks naturels.

Les résultats de notre étude représentent uniquement les stocks de concombres de mer habitant des eaux de moins de 12 mètres de profondeur. Les stocks vivant au-delà de cette profondeur n'ont pas été examiné durant notre étude, reflétant les limites de l'apnée chez les pêcheurs professionels. La majorité des plus gros specimens de concombres de mer peut vivre dans les eaux plates (peu profondes) et profondes (jusqu'à 60m); en conséquence, il est fort possible que des stocks importants existent plus profondément. Par contre, la taille de ces stocks est inconnue, et leur contribution au recrutement général de l'espèce non plus.

Les Trocas

Une totalité de 129 *T. niloticus* fut observée dans 29 sites échantillonés lors de notre étude. Cinq individus seulement étaient recensés sur les récifs frangeants (Tableau 5). Les sites de cette zone étaient les moins diversifiés. C'était sur les récifs intermédiaires et barrières dans les zones de Hieghène et Mont Panié que l'on a noté la diversité la plus riche (Tableau 6). Il es probable que cette richesse est dûe à la préférence de l'espèce pour cet habitat. Il est aussi possible que la proximité des récifs frangeants par rapport aux récifs plus éloignés rendent plus accessible la pêche des trocas et autre invertébrés, également ciblés. Les récifs de Pweevo (Pouébo) étaient les plus pauvres en diversité. Ceci n'est pas surprenant, étant donné les statistiques (2003-2004) fournis par Province Nord, qui indique une vente supérieure (plus dee 4000 kg) de coquille et de chair par la communauté de Pweevo (Pouébo) que par la communaute de Hieghène (y compris les sites évalués de Mont Panié).

Le diamètre de base linéaire de *T. niloticus* est pareille sur les trois zones géographique et pour les récifs intermediaire et barrières (Tableau 6). Les specimens observés sur les récifs frangeants ont un diamètre moyen infèrieure d'environ 3-4 cm. Étant donné que le diamètre

Tableau 5. Evaluation de *Trochus niloticus*: Le nombre total des espèces observées pour tous les sites échantillonés. Les sites sont classés par zone géographique ((Hienghène, Mont Panié, and Pweevo (Pouébo)) et type de récif (Fr=frangeant, Int=intermédiaire et Br=barrière). Le nombre de sites échantillonés par zone et par type de récif est représenté par n. La densité moyenne (nombre d'individus par surface en m^2) avec l'erreur-type. Le nombre d'individus total est de 129 pour une densité générale de 7,8 x10^{-4}

	Zone Classée par Type de Récif								
	Hienghène			Mont Panié			Pweevo (Pouébo)		
	Fr n =3	Int n =7	Br n =5	Fr n =3	Int n = 4	Br n =3	Fr n =3	Int n=5	Br n =9
Nombre d'individus (pourcentage du total)	0	40 (31)	7 (5.4)	1 (0.8)	41 (31.8)	10 (7.8)	4 (3.1)	3 (2.3)	23 (17.8)
Densité moyenne (erreur-type)	0	2.0 x 10^{-3} (4.8 x 10^{-4})	1.0 x 10^{-3} (2.4 x 10^{-4})	1.7 x 10^{-4} (1.7 x 10^{-4})	2.0 x 10^{-3} (1.0 x 10^{-3})	1.0 x 10^{-3} (1.0 x 10^{-3})	3.9 x 10^{-4} (2.0 x 10^{-4})	1.4 x 10^{-4} (5.7 x 10^{-5})	1.0 x 10^{-3} (3.3 x 10^{-4})

Tableau 6. Le diamère de base linéaire moyen de Trochus niloticus en centimètres (cm) avec l'erreur-type. . Les sites sont classés soit par zone géographique ((Hienghène, Mont Panié, and Pweevo (Pouébo)) soit par type de récif (Fr=frangeant, Int=intermédiaire et Br=barrière), dû à une absence d'individus ou d'un faible nombre recensé par zone et par type de récif.Le nombre d'individus mesuré est donné.

Zone ou Type de Récif	Nombre d'individus	Le diamètre de base linéaire moyen en cm (erreur-type)
Hienghène	34	11.5 (0.30)
Mont Panié	16	10.6 (0.65)
Pweevo (Pouébo)	27	11.7 (0.42)
Fr	5	8.7 (1.18)
Int	43	11.2 (0.27)
Br	29	12.1 (0.39)

minime pour la collected des trocas est de 9 cm, les résultats semblerait indiquer que les glaneurs de récifs suivent la réglementation. Cependant, l'on doit prendre en compte que cette interprétation n'est basée que sur les mesures de cinq individus.

Les résultats de notre étude et les données sur la collecte des Trocas de Province Nord indique un niveau d'exploitation élevé pour cette espèce. Les faibles densités rapportées pour ces populations sont sans doute dûe à la pression de pêche. Une évaluation complète de cette ressource s'impose, permettant de connaître l'état actuel des adultes et juvéniles, et ainsi de mieux comprende la pression de la pêche sur ces populations. Une approche préventive doit être considéré dans l'immédiat en attendant des renseignements complémentaires. Les données sur l'abondance des populations doivent être obtenues de façon régulière pour la mise en place d'un plan de gestion convenable à l'espèce.

Les bénitiers géants

Cinq espèces de bénitiers furent observées, et l'absence de *Tridacna gigas* notée (Tableau 7). L'espèce la plus courante était *T. maxima*, pour laquelle on compta plus du double d'individus que pour *T. crocea*, et près de dix fois plus que pour *T. squamosa*. La densité des populations de *T. maxima* parmi les zones géographiques et les types de récifs était très variable (Tableau 8). L'on a noté peu d'individus pour le restant des espèces de bénitiers observés (*T. derasa et H. hippopus*), et aucun pour *T. gigas*. La faible densité des poulations de *T. derasa* et *H. hippopus* ne surprend pas, étant donné une surexploitation très probable pour ces deux espèces. Les individus de ces espèes sont relativement larges et visibles sur les récifs, et se trouvent de plus dans des eaux peu profondes, sont ainsi facile à recueillir à pied ou en apnée.

La longueur de la coquille moyenne pour toutes les espèces étudiées (Tableau 9), sauf pour *T. derasa,* était environ 20 cm de moins que la moyenne maximale rapportée pour ces mêmes espèces par d'autres auteurs (Braley 1992).

Malheureusement, il ne se trouve pas de données sur les populations antérieures des espèces et sites étudiés ici, et il est donc impossiblede faire une comparaison avec les données de cette évaluation. Ceci limite l'interprétation de nos résultats. Cependant ces résultats indiquent une densité plus élevée chez les populations de *T. maxima*, et très faible chez les populations de *T. derasa* et *H. hippopus* sur les sites échantillonés. Une série d'évaluations plus complète des populations de bénitiers géants s'impose pour cette région. Un programme régulier permettrait le suivi de l'état de ces populations ainsi que la mise en place d'un plan de gestion efficace.

Les taux d'exploitation des espèces invertébrés ciblées pour la pêche vivrière ou professionelle doivent être évalués chaque année selon un programme de suivi fournissant des

Tableau 7. Le nombre total d'especès de bénitiers géants recensé pour tous les sites. Les sites sont classés par zone géographique ((Hienghène, Mont Panié, and Pweevo (Pouébo)) et type de récif (Fr=frangeant, Int=intermédiaire et Br=barrière). Le nombre total des espèces par zone et par type de récif est aussi présenté. Le nombre de sites échantillonés par zone et par type de récif est représenté par n.

Espèces	Zone Classée par Type de Récif									Nombre total d'individus (pourcentage du total)
	Hienghène			Mont Panié			Pweevo (Pouébo)			
	Fr n = 3	Int n = 7	Br n = 5	Fr n = 3	Int n = 4	Br n = 3	Fr n = 3	Int n=5	Br n =9	
Hippopus hippopus	0	0	0	0	1	1	0	1	4	7 (0.4)
Tridacna crocea	21	12	3	75	23	15	134	99	18	400 (25.2)
T. derasa	0	0	0	0	0	0	0	2	4	6 (0.4)
T. gigas	0	0	0	0	0	0	0	0	0	0
T. maxima	8	254	102	112	80	39	39	123	307	1064 (67.0)
T. squamous	1	11	6	10	7	0	34	26	16	111 (7.0)
Nombre total d'individus (pourcentage du total)	30 (1.9)	277 (17.4)	111 (7.0)	197 (12.4)	111 (7.0)	55 (3.5)	207 (13.0)	251 (15.8)	349 (22.0)	1588
Nombre total d'espèces	3	3	3	3	4	3	3	5	5	

Tableau 8. La densité moyenne (le nombre d'individus par surface échantillonée en m^2) des espèces de bénitiers géants les plus courantes[1] et la densité totale moyenne comptant toutes les espèces observées sur tous les sites. Les sites sont classés par zone géographique ((Hienghène, Mont Panié, and Pweevo (Pouébo)) et type de récif (Fr=frangeant, Int=intermédiaire et Br=barrière). L'erreur-type est notée entre parenthèses sous la moyenne. Le nombre de sites échantillonés par zone et par type de récif est représenté par n.

Espèces	Zone Classée par Type de Récif								
	Hienghène			Mont Panié			Pweevo (Pouébo)		
	Fr n = 3	Int n = 7	Br n = 5	Fr n = 3	Int n = 4	Br n = 3	Fr n = 3	Int n=5	Br n =9
Tridacna crocea	2.0×10^{-3} (21.0×10^{-3})	1.0×10^{-3} (3.4×10^{-4})	1.0×10^{-3} (1.0×10^{-3})	9.0×10^{-3} (3.0×10^{-3})	1.0×10^{-3} (1.0×10^{-3})	1.0×10^{-3} (1.0×10^{-3})	1.4×10^{-2} (8.0×10^{-3})	5.0×10^{-3} (1.0×10^{-3})	1.0×10^{-3} (4.7×10^{-4})
T. maxima	1.0×10^{-3} (1.0×10^{-3})	1.1×10^{-2} (2.0×10^{-3})	1.6×10^{-2} (8.0×10^{-3})	1.3×10^{-2} (8.0×10^{-3})	4.0×10^{-3} (3.0×10^{-3})	2.0×10^{-3} (1.0×10^{-3})	4.0×10^{-3} (1.0×10^{-3})	6.0×10^{-3} (2.0×10^{-3})	7.0×10^{-3} (2.0×10^{-3})
T. squamous	7.4×10^{-5} (7.4×10^{-5})	4.9×10^{-4} (1.5×10^{-4})	1.0×10^{-3} (1.0×10^{-3})	1.0×10^{-3} (1.0×10^{-3})	2.9×10^{-4} (1.1×10^{-4})	0	3.0×10^{-3} (2.0×10^{-3})	1.0×10^{-3} (1.3×10^{-4})	4.0×10^{4} (1.4×10^{-4})
Total [2]	4.0×10^{-3} (1.0×10^{-3})	1.2×10^{-2} (3.0×10^{-3})	1.8×10^{-2} (9.0×10^{-3})	2.3×10^{-2} (8.0×10^{-3})	6.0×10^{-3} (3.0×10^{-3})	3.0×10^{-3} (2.0×10^{-3})	2.1×10^{-2} (1.0×10^{-2})	1.2×10^{-2} (2.0×10^{-3})	8.0×10^{-3} (3.0×10^{-3})

1 Peu ou aucun individus d' Hippopus hippopus, Tridacna derasa et T. gigas ont été recensé.
2 Le total comprend toutes les espèces de bénitiers géants.

Tableau 9. La moyenne de la longueur de la coquille chez les espèces de bénitiers géants en centimètres (cm). Le nombre d'individus mesuré est représenté par n avec l'erreur-type entre parenthèses (se). Les sites sont classés par zone géographique ((Hienghène, Mont Panié, and Pweevo (Pouébo)) et type de récif (Fr=frangeant, Int=intermédiaire et Br=barrière). Auncun individu de Tridacna gigas fut observé lors de l'évaluation.

Espèces	Zone Classée par Type de Récif																	
	Hienghène						Mont Panié						Pweevo (Pouébo)					
	Fr		Int		Br		Fr		Int		Br		Fr		Int		Br	
	n	mean (se)	n	mean (se)	n	mean(se)	n	mean (se)	n	mean (se)	n	mean (se)	n	mean (se)	n	mean (se)	n	mean (se)
Hippopus hippopus	0	0	0	0	0	0	1	27	1	23	0	0	0	0	1	10	4	26.7 (2.1)
Tridacna crocea	21	5.4 (0.6)	9	6.5 (0.8)	0	0	46	7.9 (0.52)	23	9.4 (0.7)	5	7.8 (0.6)	46	7.9 (0.5)	81	7.5 (0.4)	17	9.1 (0.8)
T. derasa	0	0	0	0	0	0	0	0	0	0	0	0	0	0	2	60 (5.0)	4	41.2 (2.1)
T. maxima	8	7.6 (1.5)	124	14.6 (0.5)	37	13.8 (1.0)	68	13.2 (0.64)	51	15.2 (0.8)	16	12.2 (0.9)	39	12.4 (0.6)	77	13.8 (0.7)	137	17.8 (1.6)
T. squamous	1	20.0	10	29.8 (2.1)	2	33.5 (2.5)	10	20.6 (3.7)	7	23.1 (3.8)	0	0	27	25.1 (1.8)	16	27.4 (1.8)	10	27.6 (2.7)

informations sur les stocks. L'on anticipe une augmentation de la pression de pêche sur les stocks, surtout en ce qui concerne les produits de valeur (tel que les concombres de mer), et donc une approche préventive limitant la récolte est à envisager. Le développement des protocoles actuels de gestion pour chaque espèce est recommandé; ceci permettrait un plan de gestion convenable et protègerait ces populations ciblées d'une augmentation de l'exploitation au-delà d'un point critique.

RÉFÉRENCES

Braley, R.D. 1987. Appendix 1. Giant clam identification drawings and map of worldwide distribution. Giant Clam Identification –IUCN for Cites 2 listing 1-8

Braley, R.D. (ed) 1992 The giant clam: hatchery and nursery culture manual. ACIAR Monograph No. 15, 144pp.

Copland, J.W. et Lucas, J.S. 1988. Giant clams in Asia and the Pacific. ACIAR Monograph No. 9, 274pp.

Dalzell, P., Lindsay, S.R., et Patiale, H. 1993. Fisheries Resources of the Island of Niue. South Pacific Commission Technical Document No. 3, 67pp.

Ellis, S. 1999. Lagoon farming of giant clams (Bivalvia: Tridacnidae). Center for Tropical and Subtropical Aquaculture Publication No. 139, 6pp.

English, S., Wilkinson, C. et Baker, V. (Ed). 1997. Survey manual for Tropical Marine Resources, 2nd Edition. Australian Institute of Marine Science publication. 390pp.

Newman, W.A. et Gomez, E.D. 2002. On the status of giant clams, relics of Tethys (Mollusca: Bivalvia: Tridacninae). 927-937 In M.K. Kasim Moosa, S.Soemodihardjo, A.Nontji, A.Soegiarto, K. Romimohtarto, Sukarnoand Suharsono. 2002 (Editors) Proceedings of the Ninth International Coral Reef Symposium, Bali, Indonesia, October 23-27 2000.

Skewes, T. Kinch, J. Polon, D., Seeto, P., Taranto, T., Lokani, P., Wassenberg, T., Koutsoukos, A., et Sarke, J. (2002). Research for sustainable use of bech-de-mer resources in Milne bay province, Papua New Guinea. CSIRO Publication, Australia.

Wells, S. 1997 Giant Clams: Status, Trade and Mariculture, and the role of CITES Management IUCN Gland, Switzerland and Cambridge, UK 77pp.

Wright, A. et Hill, L. (Editors). 1993. Nearshore Marine Resources of the South Pacific. Information for Fisheries Development and Management. International Centre for Ocean Development. 710pp. South Pacific Commission.

Chapitre 4

L'évaluation des stocks de poissons ciblées

Nathaniel Cornuet

RÉSUMÉ

- Une enquête d'évaluation rapide marine le long de la côte Nord-Est de Nouvelle Calédonie a permis de réaliser des comptages sous-marins le long de 50 transects répartis sur 42 sites.
- Au total, 173 espèces regroupées en 22 familles ont été relevées comme espèces potentiellement ciblées par la pêche récifale.
- Parmis les 18 600 poissons recensés, 60% appartiennent aux 6 familles suivantes : Acanthuridés, Scaridés, Carangidés, Serranidés, Labridés, et Lutjanidés.

INTRODUCTION

La zone échantillonnée se situe en Province Nord avec une basse densité de population et pas beaucoup de développement que préservent les récifs calédoniens d'une forte pression anthropique comme on peut connaître d'autres îles du Pacifique. La majorité de la pression de pêche est d'ordre vivrier et plaisancier.

La durabilité de la production récifale et l'économie associée est cependant menacée par l'accroissement démographique. En milieu corallien, ce phénomène induit une augmentation de la pression de pêche qui favorise la surexploitation et une hausse des pollutions locales (rejets) susceptibles de perturber l'état de la ressource et de son environnement. La mutation des pêcheries récifales engendrée par la mondialisation actuelle et l'ouverture de nouveaux marchés amplifie la surexploitation des ressources et favorise l'émergence de techniques de pêche menaçant l'intégrité des écosystèmes.

La zone du Mont Panié étant réputée comme préservée, l'objectif principal de cette étude est de recueillir des informations permettant de juger de l'état de la ressource de poissons récifaux ciblées. Ces données devraient permettre la mise en place de propositions de plans de gestion basés sur des données concernant la ressource, mais également sur des données socio-économiques.

MÉTHODOLOGIE

La zone échantillonnée se trouve sur la côte Est de la Nouvelle Calédonie, et s'étend du Sud de Hienghène au Nord de Pouébo. Les données ont été collectées du 24 novembre au 15 décembre 2004 sur quarante deux sites lors de comptages sous-marins. En effet, en milieu corallien la clarté de l'eau et la faible profondeur autorisent des estimations directes des peuplements par comptages sous-marins (Underwater Visual Censuses: UVC). Depuis leur première utilisation (Brock 1954), les UVC ont connu une grande expansion et sont maintenant la méthode de recensement des poissons la plus utilisée en milieu récifal.

Les UVC ont une efficacité supérieure aux techniques d'échantillonnages par prélèvement (par exemple les pêches expérimentales, les pièges ou le chalutage) (Cappo et Brown 1996) et ont l'avantage de laisser intact le milieu exploré.

La méthode utilisée durant le Programme d'Evaluation Rapide (PER) est inspirée de celle préconisée par Samoilys et Carlos (2000) pour évaluer les espèces commerciales de poissons récifaux. Un plongeur évolue lentement le long d'un transect de 50 m de long et enregistrent les poissons observés dans un couloir de 10 m de large (5 m de chaque côté du transect). Une surface totale de 500 m² est donc échantillonnée de cette manière. Le numéro de transects prélevés par l'emplacement selon la topogragphie du récif et de la disponibilité d'habitat. Dans un certain cas il était possible de faire deux transects: le premier entre 10 et 20 m et le deuxième entre 5 et 10 m. Pour chaque transect on a enregistré la durée du prélèvement (en minutes), la profondeur (en mètres) et la visibilité (en mètres).

Pour chaque observation de poisson le plongeur note:

1- l'espèce ;
2- le nombre d'individus ;
3- la taille moyenne des individus (à 1 cm près pour des poissons de moins de 10 cm, à 2 cm près pour des poissons compris entre 10 et 30 cm, à 5 cm près pour des poissons entre 30 et 60 cm, et à 10 cm près pour des poissons supérieurs à 60 cm).

Pour éviter des perturbations locales des populations ichtyologiques, les comptages sont réalisés à distance du bateau, et aucun plongeur ne pénètre la zone échantillonnée avant la personne responsable du comptage. De plus, conformément aux recommandations de Fowler (1987), le pentadécamètre utilisé pour matérialiser le transect est déroulé au fur et à mesure de la progression du plongeur afin d'éviter de déranger les poissons par un premier passage. Enfin, seuls les poissons déjà présent dans la zone échantillonnée sont enregistrés. Les poissons pénétrant dans la zone après le début du comptage ou arrivant par derrière le plongeur sont ignorés. La distinction entre poissons déjà présents et « nouvel arrivant » est parfois délicate, et peut engendrer une surestimation de la population.

A partir des comptages de poissons il est possible d'estimer les paramètres de population suivants : richesse spécifique et biomasse.

Richesse spécifique (RS) : ce paramètre est donné par le nombre d'espèces observées par transect.

Biomasse (B : g/m²) : le poids d'un poisson peut être obtenu en appliquant la formule suivante $W = a.L^b$, où W est le poids du poisson, L la longueur standard (LS), et deux coefficients (a et b) donnés par l'étude de Kulbicki et al. (1993, 2004b) et Letourneur et al. (1998). Dans les précédents PER la formule de calcul de la biomasse utilisée est une formule générique de type $W=0.05L^3$, et ce quelque soit l'espèce. Cette formule surestime le poids d'une grande majorité d'espèces, et donc de la biomasse totale. Cependant, dans un souci de comparaison, les deux formules seront utilisées dans ce rapport.

Pour l'analyse, les sites sont classés par zone géographique (Hienghène, Mont Panié, and Pweevo (Pouébo) et type de récif (Andrefouët 2004) (voir carte 1). L'appartenance des sites aux différentes catégories est résumée dans le tableau 1. Une analyse non paramètrique de la variance (Kruskal-Wallis) a été employée pour déterminer des différences significatives pour chaque paramètre mesuré (nombre de poissons, richesse spécifique, biomasse, et taille des poissons) parmi les zones et les types de récif.

Espèces ciblées

Les espèces recensées sont les espèces comestibles présentes sur les récifs coralliens ou à proximité. Certaines des espèces ciblées ne sont pas exploitées par les pêcheurs de la région du Mont Panié, mais ont été incluses dans l'étude afin de réaliser une comparaison des résultats obtenus avec ceux des précédents PER. Sur le terrain, des manuels d'identification ont été utilisés pour déterminer certaines espèces. Les ouvrages utilisés sont les suivants: Lieske and Myers (1994), Allen (2003).

RÉSULTATS

Caractéristiques des transects

Lors de cette étude, 50 transects ont été réalisés sur les 42 sites échantillonnés. Sur huit sites, deux transects ont été réalisés : un premier entre 10 et 20 m de profondeur et un deuxième entre 5 et 10 m. Le tableau 2 donne les caractéristiques moyennes (durée, profondeur, visibilité) des transects réalisés.

Tableau 1. Répartition des sites dans les différentes catégories.

	Zone de Hienghène	Zone du Mont Panié	Zone de Pweevo (Pouébo)	Total par type de récif
Récif Frangeant	8, 14, 15	28, 29, 30	33, 41, 42	9 sites
Récif Intermédiaire	5, 7, 9, 10, 11, 12, 13	18, 19, 20, 27	25, 32, 37, 39, 40	16 sites
Récif Barrière	1, 2, 3, 4, 6	16, 17, 26	21, 22, 23, 24, 31, 34, 35, 36, 38	17 sites
Total Zone	15 sites	10 sites	17 sites	42 sites

Généralités sur le peuplement échantillonné

Plus de 60 % des espèces appartiennent aux six familles suivantes : Acanthuridae, Scaridae, Carangidae, Serranidae, Labridae, Lutjanidae. Les espèces les plus communes sont présentées dans le tableau 3. On peut noter la présence de trois Scaridés parmi les six premières espèces.

Abondance

La forte abondance des Caesionidae (70.2 %) (Figure 1) s'explique par leur forte grégarité, des bancs de plus de 1000 individus n'étant pas exceptionnels. La dominance des Acanthuridae est principalement due à une espèce, *Ctenochaetus striatus*, abondante sur de nombreux sites.

L'information de biomasse n'est pas rapportée ici en raison de son importance commerciale et nature sensible.

Tailles moyennes

Sur un site moyen, la majorité (96 %) des poissons observés mesurent moins de 30 cm, parmi ceux-ci, plus de 60 % mesurent moins de 11 cm, ce qui signifie que les poissons commerciaux sont en moyenne de petite taille. Cependant, il faut prendre en considération le grand nombre de Caesionidés. Ceux-ci comptent en effet pour 94 % des poissons de taille inférieure à 11 cm. Les différentes classes de taille sont présentées dans le figure 2 (Caesionidaes inclus) et dans le figure 3 (Caesionidaes exclus).

Tableau 2: Caractéristiques principales des transects échantillonnées.

	Durée (en minutes)	Profondeur (en mètres)	Visibilité(en mètres)
Moyenne	25,5	7,9	10,9
Ecart-type	6,19	6,17	5,7
min	14	0	2,5
max	40	25	25

Résumé des données par site

Le nombre d'espèces cible comptées par site s'étale entre 11 et 68 (moyenne : 33.5 ; écart-type : 13.6). Le fort écart-type calculé pour le paramètre montre bien les différences existantes au sein des sites échantillonnés (Tableau 5).

Pour les huit sites où deux transects ont été réalisés, seul le premier transect (i.e. le plus profond a été retenu). Afin d'homogénéiser les analyses (Tableau 4), un seul transect (le plus profond) a été retenu pour les huit sites sur lesquels deux transects ont été réalisés.

DISCUSSION

Limites de l'étude

Durant le RAP, neuf stations ont été échantillonnées avec une très faible visibilité (≤ 5 m), ce qui a rendu les comptages difficiles et réduit la surface échantillonnée. La conséquence directe de ceci est donc que les estimations de biomasse rapportée à une surface seront faussée pour ces neuf sites. De même, quatre stations ont été échantillonnées à flanc de tombant, ce qui signifie que le comptage n'est réalisé que d'un seul côté, et que la surface échantillonnée est divisée par deux. Enfin, les transects présentent des profondeurs très variables. Les comptages étant réalisés sur l'intégralité de la colonne d'eau, les volumes d'eau échantillonnés sont donc eux aussi très variables. Par conséquent, la comparaison

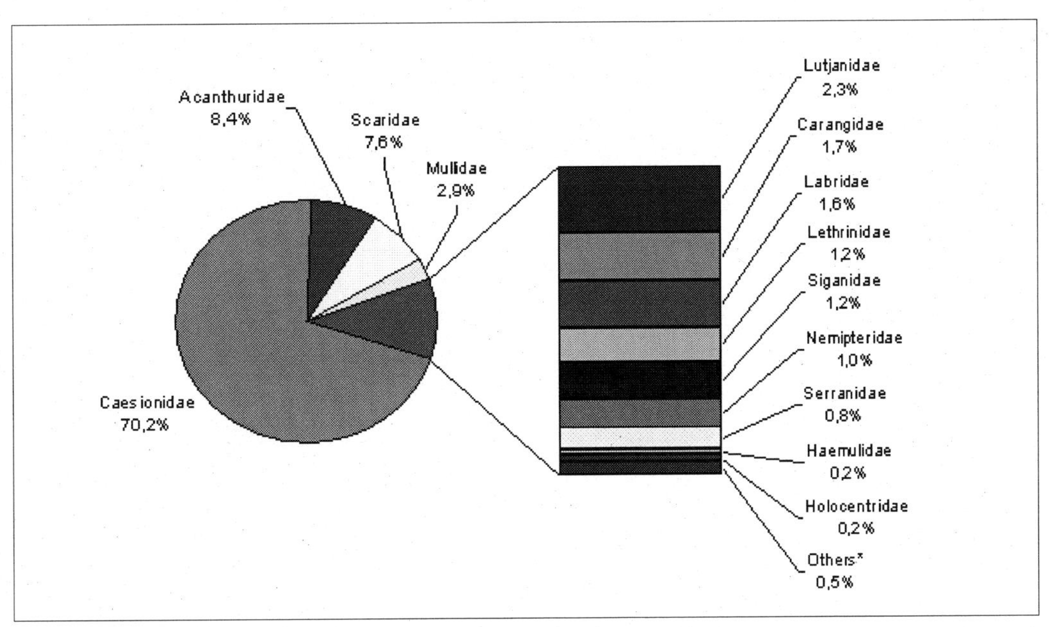

Figure 1: Distribution de la totalité des poissons enregistrés entre les différentes familles.
(* les familles « Others » sont celles dont le pourcentage est inférieur à 0.2 %. i.e. Platacidae, Carcharhinidae, Scombridae, Balistidae, Dasyatidae, Chanidae, Myliobatididae, Priacanthidae, Sphyraenidae)

de densités et biomasses obtenues pour des transects de profondeur très différente doit être nuancée.

De manière générale, il est essentiel de garder à l'esprit l'extrême variabilité temporelle et spatiale observée sur les récifs coralliens. De fortes variations peuvent être observées selon les cycles nycthéméraux, les cycles de marée, les cycles de reproduction (Kulbicki et al., 2004a).

De manière plus spécifique, certaines espèces (Holocentridés, et certains Serranidés) ont des comportements cryptiques qui empêchent une bonne estimation de leur population. De même, des espèces ciblées par la pêche, comme *Lethrinus nebulosus* ou les différentes espèces de la familles des Mugilidae (mulets), sont très craintives et fuient le plongeur. Enfin, ces mêmes espèces préfèrent des biotopes tels que les fonds détritiques, les herbiers ou les mangroves, qui n'ont pas été échantillonnés durant cette étude.

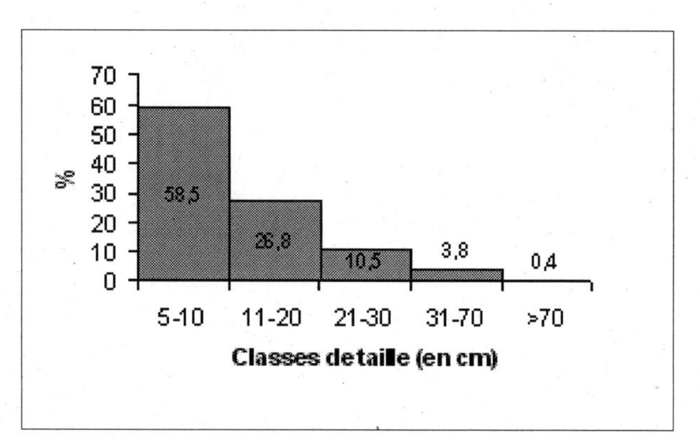

Figure 2: répartition des poissons (Caesionidaes inclus) d'un site moyen dans les différentes classes de taille.

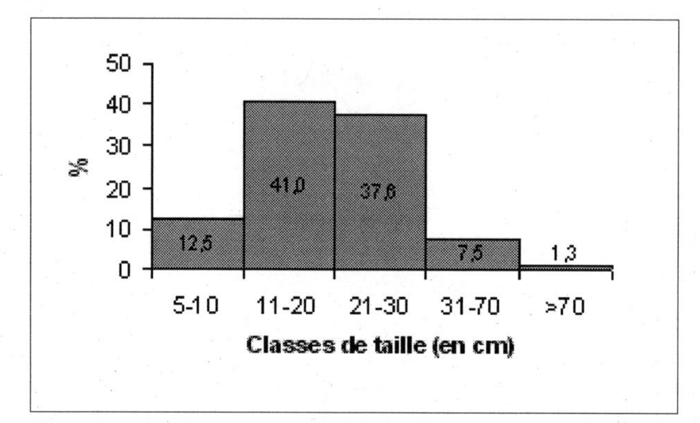

Figure 3: répartition des poissons (Caesionidaes exclus) d'un site moyen dans les différentes classes de taille.

Tableau 3: Espèces les plus fréquemment observées sur les sites.

Nom scientifique	Nom commun	Nombre de sites sur lesquels l'espèce a été recensée	Proportion des 42 sites sur lesquels l'espèce a été recensée
Chlorurus sordidus	Kakatoi vert	39	92,9
Ctenochaetus striatus	Chirurgien à tête ponctuee	37	88,1
Parupeneus multifasciatus	Rouget-barbet à bandes	34	81
Monotaxis grandoculis	Perche à gros yeux	31	73,8
Scarus rivulatus	Poisson-perroquet	30	71
Scarus schlegeli	Poisson-perroquet	28	66,7

Tableau 4: Résultats des tests de Kruskal-Wallis menés sur les paramètres de population.

		Variable groupante	
		Zone	Type de récif
Paramètres de population	**Nombre de poissons**	NS	NS
	Nombre de poissons sans les Caesionidés	NS	NS
	Richesse Spécifique	NS	NS
	Biomasse	l'information non disponible	l'information non disponible
	Taille des poissons	NS	*** (p=0.000)

Tableau 5: Résumé par site des résultats obtenus pour les espèces de poissons commerciaux. L'information de nombre de poissons n'est pas disponible.

Site	Transect 1 (<10 – 20 m)		Transect 2 (5 ->10 m)		Total	
	Nombre d'espèces	Nombre de poissons	Nombre d'espèces	Nombre de poissons	Nombre d'espèces	Nombre de poissons
1	41		----		41	
2	46		42		66	
3	11		----		11	
4	31		23		43	
5	22		----		22	
6	29		----		29	
7	28		----		28	
8	16		29		38	
9	31		30		47	
10	26		----		26	
11	29		----		29	
12	27		----		27	
13	36		45		68	
14	12		----		12	
15	17		----		17	
16	45		----		45	
17	37		----		37	
18	47		----		47	
19	17		30		36	
20	20		----		20	
21	45		33		66	
22	19		----		19	
23	36		----		36	
24	29		----		29	
25	36		----		36	
26	38		----		38	
27	22		----		22	
28	36		----		36	
29	12		----		12	
30	26		----		26	
31	26		----		26	
32	26		----		26	
33	24		----		24	
34	36		29		54	
35	35		----		35	
36	28		----		28	
37	31		----		31	
38	27		----		27	
39	23		----		23	
40	40		----		40	
41	41		----		41	
42	40		----		40	
Minimum	11				11	
Maximum	47				68	
Moyenne	29,6				33,5	
Ecart-types	1.5				2.1	

Concernant la reconnaissance des espèces, de nombreux juvéniles de Scaridae n'ont pas pu être identifiés de manière certaine et ont donc été notés comme *Scarus* sp. ou *Scarus* spp..

Enfin, l'absence de réplicats, le plan d'échantillonnage et le choix arbitraire des zones géographiques pour les test statistiques ont limités l'utilisation de tests statistiques à un des plus robustes d'entre eux (Kruskal-Wallis).

CONCLUSION SUR LES STOCKS DE POISSONS

État général

Les récifs échantillonnés abritent une grande diversité. Cette zone possède donc un très bon potentiel touristique avec permission des tribus (chapitre 6), notamment en terme de plongée sous-marine (il n'existe actuellement qu'un seul club de plongée dans la zone échantillonnée).

Menaces

Certains récifs proches des tribus et des agglomérations sont l'égèrement impactés par la pêche. Cependant la menace la plus directe concernant les récifs frangeants reste les problèmes d'aménagement du littoral (construction de route, destruction des mangroves) et de gestion des feux de brousse, la disparition des forêts entraînant une plus forte érosion, et donc une augmentation de la turbidité de l'eau néfaste au développement des coraux. Cette observation étaient également faite par les tribus (voir chapitre 6).

Discussion sur la mise en place de plans de gestion

La partie située en face de la réserve terrestre du Mont Panié présente des caractéristiques intéressantes dans le cadre de mise en place d'un projet de gestion : une bonne diversité des habitats. Cependant, il est maintenant nécessaire de prendre en compte les résultats de l'enquête socio-économique afin de déterminer si les usagers du lagon présents dans cette zone sont favorables à la mise en place de plans de gestion participatifs.

RECOMMANDATIONS MÉTHODOLOGIQUES

- Cette étude a montré le biais lié à l'utilisation de la formule générique pour calculer la biomasse. L'utilisation de la formule spécifique est donc recommandée.

- Le spectre de taille étant un paramètre important dans le suivi des populations de poissons, il est suggèré de ne pas prendre en compte les Caesionidae dans l'établissement de celui-ci. En effet, ils sont souvent très nombreux et déséquilibrent les résultats. Cette suggestion est justifiée par l'irrégularité de la présence de Caesionidae sur le transect, alors qu'ils sont présents sur de nombreux sites échantillonnés.

- Les premiers résultats de l'enquête socio-économiques (discussion sur le terrain) ont montrés que les mulets (Mugilidae) ainsi que d'autres espèces de Lethrinidae étaient consommés par les populations des tribus. Or ces espèces ne sont pas du tout prises en compte lors des comptages sous-marins, car elles vivent dans le lagon où aux abords des mangroves, et non pas sur les récifs. Il pourrait donc être intéressant de mener une campagne de pêche expérimentale en parallèle des comptages en plongée.

REFERENCES

Allen, G. R. 1998. Reef Fishes of Milne Bay Province, Papua New Guinea. In: Werner, T. B. et G. R. Allen (eds.). A Rapid Marine Biodiversity Assessment of the coral reefs of Milne Bay Province, Papua New Guinea. Bulletin of the Rapid Assessment Program 11. Washington, DC: Conservation International.

Allen, G., Steene, R., Humann, et P., Deloach, N. 2003. Reef Fish Identification. Tropical Pacific. NewYork. New World Publications, Inc.

Andrefouët, S., Torres-Pulliza, D. 2004. Atlas des récifs coralliens de Nouvelle-Calédonie. Edité par : IFRECOR. Nouvelle-Calédonie, IRD, Nouméa, 26p. + 22 planches.

Brock, V.E., 1954. A prelimenary report on a method of estimating reef fish populations. Journal of Wildlife Management 18, 297-308.

Cappo, M., Brown, I.W. 1996. Evaluation of sampling methods for reef fish population. CRC reef research technical report 6.

Fowler, A.J. 1987. The development of sampling strategies for population studies of coral reef fishes: A case study. Coral Reefs 6: 49-58.

Kulbicki, M., Mou Tham, G., Thollot, P. et Wantiez, L. 1993. Length-weight relationships of fish from the Lagoon of New Caledonia - NAGA 16 (2-3): 26-30.

Kulbicki, M., Chabanet, P., Guillemot, N., Sarramégna, S., Vigliola, L. et Labrosse, P. 2004a. Les poissons de récif dans la région de Koné. IRD, CPS, Falconbridge. 56 pp.

Kulbicki, M., Guillemot, N., Amand, M. 2004b. A general approach to length-weight relationships for Pacific lagoon fishes – accepté Cybium Octobre 2004

Letourneur, Y., Kulbicki, M., Labrosse, P. 1998. Length-weight relationships of fish from coral reefs of New Caledonia, Southwestern Pacific Ocean. An update. NAGA 1998(4): 39-46

Lieske, E. et Myers, R. 1994. Coral Reef Fishes – Indo-Pacific & Carribean. London: Harper Collins.

Samoilys, M.A., et Carlos, G. 2000. Determining methods of underwater visual census for estimating the abundance of coral reef fishes. Environmental Biology of Fishes, 57: 289-304.

Chapitre 5

L'état des récifs coralliens du Mont Panié Region

Sheila A. McKenna

RESUME

- La condition récifale est un terme relatif à la « santé » globale d'un site donné. Elle est déterminée par l'évaluation des facteurs clés qui sont les dommages et les pressions naturels ou anthropiques et la biodiversité définie par les espèces focales ou les groupes d'indicateurs (coraux et poissons). Globalement, les récifs coralliens étudiés sont dans un état excellent à bon.

- De nombreuses espèces présentes sur la Liste rouge ont été observées ainsi que la bonne santé et l'extraordinaire diversité biologique des récifs étudiés font de cette zone un candidat sérieux pour devenir un Site du Patrimoine mondial marin. De plus, les zones d'eau douce et terrestres adjacentes aux récifs étudiés et qui leur sont reliées de manière capitale, en particulier au Mont Panié, doivent être également protégées dans le cadre d'une zone gérée de paysage intégré terrestre et marin.

- Aucun blanchissement corallien n'a été observé sur les sites étudiés; cependant, un cas de maladie de coraux a été noté sur le site 28. Des tumeurs sur le squelette ont été observées sur une colonie d'*Acropora*. Aucune autre maladie que ce soit sur du corail dur ou mou n'a été observée.

- La menace ou perturbation la plus fréquemment notée sur les récifs étudiés provient des activités liées à la pêche ou au ramassage à marée basse qui ont été enregistrées sur 52,4% des sites évalués. Des déchets liés à la pêche ou à une autre activité anthropique ont été relevés sur 40% des sites étudiés, généralement sur les récifs les plus proches du rivage.

- Les autres dégâts provoqués par la prédation d' *Acanthaster plancii* et de *Drupella cornus* peuvent être qualifiés de légers et localisés sur les sites d'étude. On n'a relevé aucun rassemblement massif d'étoiles de mer *A. plancii* en train de se nourrir ni de signes d'explosions passées de la population sur aucun des sites étudiés. On a noté la présence d'un à deux individus ou des signes de prédation sur une à trois petites colonies de coraux sur 45,2% des sites étudiés. La casse de colonies de coraux occasionnée par les *Bolbometapon muricatum* lorsqu'ils se nourrissent d'algues était également peu importante et localisée. La présence de cette espèce constitue une indication de la bonne santé du récif.

- Un envasement par un sédiment naturel terrigène a été relevé sur quatre sites de récifs frangeants soit 9,5% des récifs étudiés. Il est important de surveiller cette sédimentation et de faire tout ce qui est possible pour que le bassin versant reste intact.

INTRODUCTION

Les récifs de la Nouvelle Calédonie ont été affectés par les activités terrestres, principalement les activités minières, la déforestation et le développement côtier. D'autres sources avérées de dégradation comprennent le blanchissement, l'étoile de mer couronne d'épines, les maladies et les cyclones. La dernière grande perturbation en date a été causée par le cyclone Erica (catégorie 5) qui a touché la côte ouest de la Nouvelle Calédonie en mars 2003, provoquant une diminution de la couverture de coraux vivants dans quelques zones (Lovell et al 2004). Sulu et al (2002) ont noté un faible niveau de couverture de coraux vivants dans le sud de Nouméa, causée ou par un grand nombre d'étoiles de mer couronne d'épines, ou par le blanchissement ou encore par les maladies. Malheureusement, une interruption dans le suivi en 1999 ne permet pas de confirmer la cause exacte.

Les évaluations de l'état des récifs coralliens de la Nouvelle Calédonie ou des menaces les affectant sont disponibles de l'échelle globale à l'échelle spécifique au niveau des sites. Lors d'une évaluation globale des risques pesant sur les récifs coralliens, la superficie totale des récifs de la Nouvelle Calédonie se répartissait sur la base du niveau de risque comme suit : 83% faible risque, 13% risque moyen et 3% haut risque. Cependant, ces pourcentages sont considérés comme sommaires et sous-estimés (Burke et al 1998). A l'échelle du site, les études sur les récifs coralliens de Nouvelle Calédonie ont principalement porté sur la Province Sud où vit la majorité de la population. Ainsi, la plupart des observations de blanchissement et de rassemblement d'étoiles de mer couronne d'épines ont été faites au sud. En 2003, dans le cadre de l'Initiative Française pour les Récifs Coralliens (IFRECOR), les sites d'échantillonnage ont inclus la Province Nord et la Province des Iles Loyauté. En Province Nord, trois sites ont été étudiés à Hienghène, Népoul et Pouembout. Les stations étudiées à Hienghène, à savoir Koulnoué, Hiengabat Donga Hienga se trouvent à proximité de la zone d'étude actuelle. La première station était dans un état satisfaisant, les deux autres étaient en bon état (Wantiez et al. 2004).

La condition de 42 sites récifaux est décrite ici pour fournir un aperçu de la « santé » du récif telle qu'elle a été observée lors de la période d'inventaire. Des informations sont fournies sur la structure de la communauté benthique des récifs étudiés ainsi que sur les cas ou les signes de pression ou de menace sur ces sites.

OUTILS ET METHODES

Sur chacun des sites d'étude, les données sur les substrats et les biotes du benthos ont été collectées le long du transect utilisé pour l'étude des poissons cibles (voir chapitre 4), une fois les données sur les poissons collectées. Les transects ont été utilisés pour prélever des échantillons sur le benthos selon la méthode décrite par English *et al.* (2000). En résumé, un ruban de transect de 100 mètres a été placé le long du fond récifal aussi près possible des biotes/substrats. En fonction de la structure et de la topographie du récif, les transects ont été placés à deux niveaux de profondeur différents : 2-<12 m (peu profond) et 12-20 m (profond). Il était possible sur certains sites de placer des transects et de prélever des échantillons sur les deux niveaux de profondeur. Les échantillons de biotes/substrats ont été prélevés à des intervalles de 0,5m (soit 40 points d'échantillonnage) sur des segments de 20m sur la longueur totale de 100m. Pour chaque point d'échantillonnage, le type de substrat/biote a été identifié ou caractérisé selon la nomenclature suivante : corail dur (hc), corail mou (sc), éponge (sp), macro-algues (ma), algues calcaires (ca), algues de tourbe (ta) gravats (rb), autres, boue/vase et substrat dénudé (bs). La catégorie « algues de tourbe » inclut les algues filamenteuses et les algues de tourbe ainsi que les cyanobactéries vivant au fond de la mer. La catégorie « autres » comprend les invertébrés tels que tuniciers, étoiles de mer, concombres de mer, etc. Après avoir prélevé des échantillons sur le premier segment de 20m sur les 100m de transect, le plongeur saute une section de 5m et continue l'échantillonnage sur un deuxième segment de 20m (40 points) le long du transect. Cette méthode permet la réplication pendant l'échantillonnage sur quatre segments de 20 m à un demi mètre d'intervalle sur chaque transect à chaque niveau de profondeur.

Toute marque visible de dégradation, de menace ou de perturbation a été notée sur chaque site. Le niveau de perturbation, de dégradation ou de menace est classifié (nul, faible, modéré et très important) selon l'étendue relative ou l'importance de son impact ou de sa fréquence. Les plongeurs ont recherché des preuves de dommages occasionnés par la pêche (filets, fusils à harpon, lignes), par les activités en bateau (traces d'ancrage, marques d'immobilisation de bateau, marques de palmes faites par les plongeurs), ainsi que par les tempêtes ou les cyclones. La dégradation due aux prédateurs du corail *Acanthaster plancii* et *Drupella cornus* sur les récifs a été mise en évidence par la présence et le nombre d'individus observés ou par les traces de la prédation sur le corail. La casse de colonies de corail occasionnée par le perroquet à bosse *Bolbometopon muricatum* lorsqu'il se nourrit a également été notée. D'autres plongeurs de l'équipe du RAP ont complété les observations effectuées lorsque la session de plongée pour l'étude du site a été achevée. La faune marine charismatique et d'autres espèces présentes sur la Liste rouge ont également été notées sur chaque site. Ceci comprend requins, raies manta, clams, tortues, dugongs, etc.

Le blanchissement se traduit par la décoloration du tissu corallien. Plus le tissu est décoloré, plus le blanchissement est important. Une légère décoloration du tissu corallien indique un faible niveau de blanchissement (ou à un stade initial). Un tissu corallien transparent, opaque, ou clair avec un squelette visible est un signe d'un blanchissement modéré ou avancé. La gravité du blanchissement corallien se mesure par le nombre de colonies présentant ces signes et par le niveau de décoloration du tissu.

En plus du blanchissement, des pathogènes ou des

maladies du corail peuvent être observés sur le récif et peuvent apparaître sur du corail mou ou dur. Les maladies s'identifient par une bande distinctive ou par une trace de décoloration sur la surface du corail dur et mou. Ainsi, la maladie de la bande noire sur les coraux durs est indiquée par une bande noire bien visible à travers la tête du corail. Derrière la bande, le squelette du corail est visible et le tissu corallien est mort et a disparu. La surface du corail apparaît normale là où elle n'est pas traversée par la bande. Les maladies coralliennes sont bien documentées et des informations peuvent être consultées sur le web sur http://ourworld.compuserve.com/homepages/mccarty_and_peters/coraldis.htm.

Des signes d'une possible menace ou pression sur les récifs par la pollution/eutrophisation, la pression par la pêche, la sédimentation et le ruissellement peuvent être notés. Des données quantitatives doivent cependant être obtenues par des tests, des suivis et des expériences adéquats. Dans certains cas, le ruissellement ou la sédimentation pourrait être « naturel » pour un site récifal s'il se trouve à proximité d'une embouchure où le bassin versant est encore intact. Dans d'autres cas, ces phénomènes ne sont pas « naturels » et d'influence anthropique. Par exemple, l'origine de la dégradation (un canal d'évacuation des eaux usées, une zone déboisée le long de la côte, une zone de développement côtier ou le déversement d'une rivière) peut être aperçue du récif et apporte ainsi une information qualitative sur la dégradation. L'abondance d'algues alliée à une faible couverture corallienne peut être un indicateur peu significatif de la pollution/eutrophisation sur les récifs. Cependant, il faut prendre en compte la population d'herbivores et le type d'algues présentes (macro-algues, algues de tourbe ou filamenteuses ou algues calcaires). La présence de pêcheurs en activité ou la faible abondance de biotes cibles (tels que concombres de mer ou vielles) sur le site récifal constituent des indicateurs d'une pression par la pêche. Cependant, pour obtenir des données quantitatives, il est nécessaire d'étudier et de suivre la fréquence et l'importance de l'utilisation des ressources marines et l'abondance des réserves. Un pourcentage important de couverture du benthos par la vase ou les sédiments est un indicateur de sédimentation. Ces types de menace ou de perturbation doivent être déterminés de manière plus précise par des mesures directes de paramètres spécifiques (éléments nutritifs dans la colonne d'eau, abondance des réserves et activité de pêche, sédiments et taux de couverture de biotes/substrats) sur une longue période d'échantillonnage d'une année au minimum. La nature de l'évaluation rapide ne permet qu'une première observation de signes de ce qui peut être de l'eutrophisation/pollution, pression de pêche,

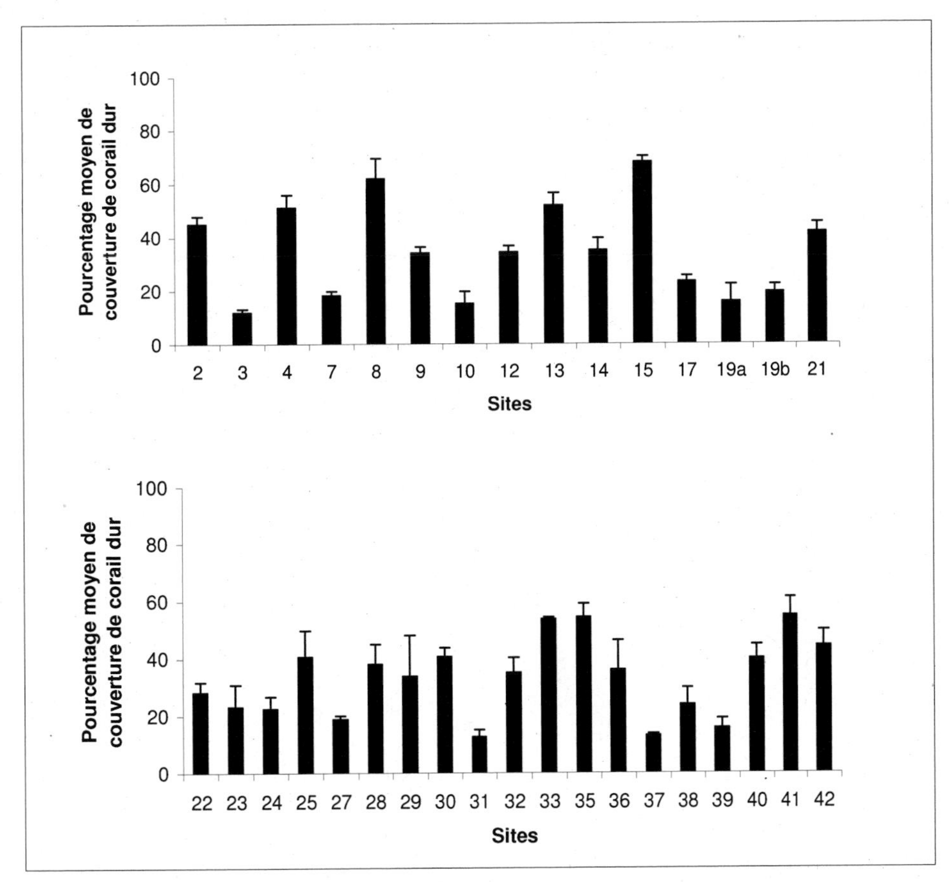

Figure 1. Pourcentage moyen de couverture de corail dur par site déterminé par la méthode du point intercept transect à des niveaux de faible profondeur entre 2 et 10m. Pour chaque site, les échantillons ont été prélevés sur quatre transects de 20m (n =4) à l'exception des sites 9,19b et 31 où (n = 3). Les barres représentent des erreurs standard.

sédimentation ou ruissellement et de son importance relative sur le site récifal. L'évaluation rapide constitue un premier pas important pour identifier la présence de pression ou de menace sur les récifs et le suivi nécessaire en termes d'études supplémentaires, d'atténuation des menaces, de surveillance et de gestion efficace. Les sites présentant ces signes de menaces sont indiqués dans le texte avec un récapitulatif dans un tableau. Ce tableau résume les indicateurs clés pour l'état ou la santé du récif sur la base de la biodiversité des espèces de poissons ou de coraux par effort d'échantillonnage, du nombre approximatif de poissons cibles, du pourcentage moyen de couverture corallienne et de l'estimation de la présence ou de l'absence de l'utilisation par l'homme.

RESULTATS

Au début de l'inventaire (24 au 27 novembre 2004), des œufs de coraux ont été observés à la surface de quatre récifs (1, 2, 3, 4,) et en grandes plaques en surface lors du passage en bateau. Des recrues de corail ou de petites colonies de corail d'un diamètre entre 3 et 5 cm ont été notées sur tous les sites d'étude. Le site 10 était le plus intéressant avec de nombreuses colonies d' *Acropora* âgées de 1 à 1,5 ans. Plusieurs récifs étudiés présentaient des herbiers (sites 14, 15, 18, 19a, 19b, 27, 28, 29, 32, 39, 49, 41 et 42) à proximité ou des mangroves limitrophes (sites 8, 28, 29, 30, 41, 42). Pour une description détaillée des sites, voir chapitre une.

Couverture benthique

Le pourcentage de couverture de corail dur se répartissait de manière variable. Le taux moyen de couverture de corail dur à un niveau de profondeur se situant entre 2 et 10 m variait de 12% au site 12 à 68% au site 15 (figure 1). A un niveau de profondeur entre 11 et 20m, le taux moyen de couverture de corail se situait entre 9% au site 5 et 62% au site 35 (figure 2). Des estimations grossières de la couverture de corail dur ont également été effectuées lors des plongées tractées (*manta tows*) pour évaluer les invertébrés d'importance commerciale (annexe 5) ainsi que lors de l'évaluation des invertébrés du benthos (voir chapitre 1). L'annexe quatre indique le pourcentage moyen de couverture de biotes/substrats par site.

Blanchissement et pathogènes du corail

Les coraux durs ou scleractiniens sont en excellente santé, sans aucun cas de blanchissement et un seul cas observé de maladie. Des tumeurs sur le squelette ont été relevées sur une colonie d' *Acropora* sp du site 28 (2,4% des sites étudiés), potentiellement un cas de néoplasie (Peters et al. 1986).

Prédateurs du corail et casse du corail occasionnée par des poissons qui broutent les algues

La présence des étoiles de mer couronne d'épines *Acanthaster plancii* ou les marques de prédation ont été relevées sur 45,2% des sites étudiés. Des individus ont été observés sur 16 sites (7, 9, 12, 16, 17, 18, 19b, 22, 27, 28, 29, 32, 37, 40, 41 et 42). La plupart du temps, un à deux individus ont été relevés, le nombre maximum étant de trois individus sur un seul site (18). Sur trois autres récifs étudiés (6, 21 et 25), des marques de prédation apportent une indication peu significative de la présence d'*Acanthaster plancii* mais aucun individu n'a été observé. Les marques de prédation ont été relevées sur les espèces de corail *Acropora* sp, *Acropora humulis*, *Pocillopora* sp. et *Stylophora mordax*. L'incidence/ fréquence des dommages sur ces colonies de corail était faible à raison de deux colonies de petite taille (< cm en diamètre) au maximum par site. Aucune explosion de population, aucun rassemblement de masse pour se nourrir et aucune trace de rassemblement n'ont été notés. Le prédateur du corail *Drupella cornus* (gastropode ou escargot) a été observé en train de se nourrir d'espèces d'*Acropora* sur cinq sites (8, 13, 22, 32 et 40) soit 11,9% du total des sites étudiés. Seules des marques de petite taille, <1 cm, ont été notées aux endroits de présence de *Drupella cornus*.

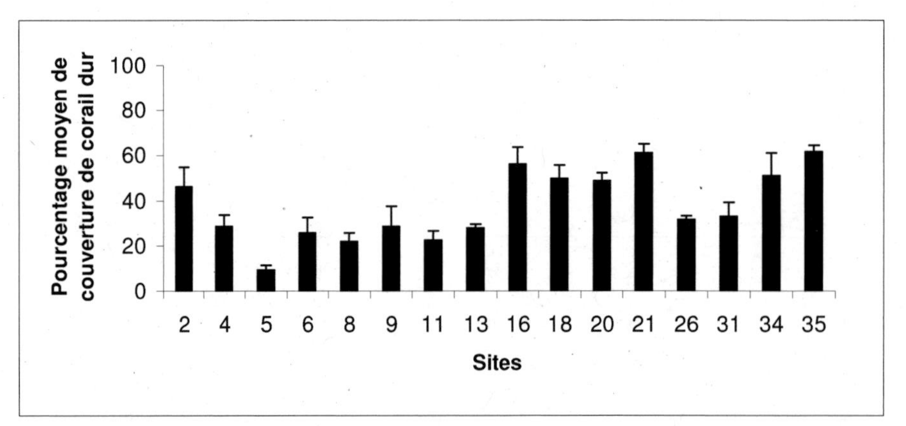

Figure 2. Pourcentage moyen de couverture de corail dur par site (niveaux de profondeur entre 12 et 20m) déterminé par la méthode du point intercept transect. Pour chaque site, les échantillons ont été prélevés sur quatre transects de 20m (n = 4) à l'exception des sites 2, 6 et 26 où (n = 3). Les barres représentent des erreurs standard.

Bien qu'il ne soit pas un prédateur du corail, *Bolbometapon muricatum* provoque en broutant des algues des marques sur la surface des colonies de coraux *Acropora humilis*, *A. digitifera*, *Pocillopora verucosa* sur les sites 1, 2, 3, 4, 5, 6, 7, 8, 9, 10, 11, 12, 13, 14, 15, 16, 17, 20, 34, et 35 soit 47% des sites étudiés. Globalement, les dégâts occasionnés par *A. plancii* et *D. cornus* sur les sites étudiés étaient faibles et localisés.

Sédimentation

La sédimentation a été observée uniquement sur les sites de récifs frangeants 8, 28, 29 et 30. Les sédiments couvraient sur ces sites 19 à 53% des échantillons de substrats prélevés en comparaison avec 0 à 2% sur les autres sites en appliquant la méthode du point intercept transect. Il s'agit ici de sédiment naturel terrigène.

Dégâts physiques

Des dégâts occasionnés par l'ancrage de bateaux ont été notés sur deux sites récifaux (2 et 3) soit 4,7% des sites étudiés. Le site 31 présentait une abrasion par le sable. L'étendue des dégâts était faible sur le récif. .

Déchets

Plusieurs types de déchets ont été observés sur 17 sites soit 40% des sites d'étude. Les déchets les plus fréquents provenaient de la pêche comme des lignes de pêche sur 14 sites (7, 18, 19ab, 20, 23, 24, 25, 28, 29, 30, 31, 33, 41 et 42), des fusils à harpon sur deux sites (7 et 31), un filet de pêche sur un site (5) et une corde sur un site (6). D'autres types de déchets ont été trouvés sur deux sites différents : un pneu de voiture et des sacs en plastique (site 15) et des bouteilles en plastique (site 28).

Activités de pêche et de ramassage

Les indications de l'extraction de ressources marines, telles que la présence de déchets de la pêche relevés ci-dessus ou la présence de pêcheurs en activité ont été notées sur 22 sites (2, 3, 4, 5, 6, 7, 14, 15, 18, 19b, 20, 23, 24, 25, 27, 28, 29, 30, 31, 33, 41 et 42) soit 52,4% des sites d'étude. Parmi ces sites, des signes ou l'activité d'extraction de clams ont été notés sur les sites 5,19a et 42. Sur les sites 5 et 19a, des coquilles de *Tridacna* vides ont été trouvées sur le récif tandis que sur le site 42, des pêcheurs en activité de collecte ont été observés.

Observations d'espèces présentes sur la Liste rouge

De nombreuses espèces présentes sur la Liste rouge ont été observées. Des informations détaillées sur les espèces présentes sur la Liste rouge autres que les poissons, les tortues de mer et les dugongs sont présentés. Le chapitre deux fournit davantage de détails sur les espèces de poissons présentes sur la Liste rouge. En ce qui concerne les espèces menacées de bénitier géant, aucun *Tridacna gigas* n'a été observé lors de l'inventaire et six individus seulement de *T. deresa* ont été relevés sur trois sites. Pour plus de détails sur les espèces de bénitier géant observées lors de cet inventaire, voir le chapitre trois. Des tortues de mer (vertes, caouannes et à écaille) ont été observées sur 11 des sites étudiés soit 26% (tableau 1). De nombreuses plages des bancs de corail de la région côtière du Mont Panié sont des sites de nidification pour ces tortues marines.

Bien qu'aucun dugong n'ait été observé lors de l'étude, les habitants locaux avaient aperçu deux individus au large de la zone de Linderalique. D'autres espèces menacées n'ont pas été observées lors de l'inventaire mais sont présentes en Nouvelle Calédonie. Il s'agit des espèces de baleines, de grands requins blancs, de requins tigres, d'autres espèces de requins et d'hippocampes. Une liste complète des espèces présentes sur la Liste rouge des espèces marines de l'UICN et qui sont connues dans les eaux de la Nouvelle Calédonie est fournie en annexe une. (Liste rouge des espèces UICN).

Tableau 1. Espèces de tortues marines et sites d'observation lors de l'étude.

Espèces	SITES
Caretta caretta (Caouannes)	20
Chelonia mydas (Vertes)	4, 7, 8, 9, 14, 18, 20, 33, 34, 35, 37
Eretmochelys imbricata (A écaille)	4, 8, 9, 14, 20, 31, 34, 35, 37

Synthèse des facteurs

Le tableau deux résume les indicateurs clés de l'état ou de la santé du récif en fonction de la biodiversité des espèces de poissons et de coraux par effort d'échantillonnage, du nombre approximatif de poissons cibles, du taux moyen de couverture de corail et de la prise en compte de la présence ou de l'absence d'utilisation par l'homme. Sur la base d'un classement comparatif de ces paramètres, les sites peuvent être répartis de manière approximative entre quatre catégories « d'état » : excellent, très bon, bon et moyen (tableau 3).

DISCUSSION

Les sites étaient en majorité en bonne à excellente santé, sans indication de pression ou de perturbation majeure (telle que le blanchissement massif, l'explosion de la population de l'étoile de mer couronne d'épines ou les maladies) sur aucun des sites. Dans les quelques cas de perturbation, l'impact ou les dégâts observés étaient relativement faibles. La présence d'œufs de corail, de nombreuses recrues, de plusieurs grands prédateurs, de poissons cibles et d'espèces menacées confirme la bonne santé globale du benthos récifal de ces sites. Sans surprise, les sites récifaux classés dans la catégorie d'excellence sont sur le front récifal se trouvant le plus loin du rivage. Certains de ces sites sont gérés de manière traditionnelle par les tribus.

La sédimentation sur les récifs frangeants n'est pas une surprise compte tenu de la proximité de la côte et d'estuaires. Lors de son passage, l'équipe a constaté le déblaiement

Tableau 2. Synthèse de l'état du récif. Ce tableau présente les synthèses de la diversité spécifique, des nombres approximatifs de poissons d'importance sur le plan commercial et artisanal[1], des pourcentages de couverture de corail dur, des classements de la condition du récif ainsi que des observations de dégâts et de menaces pour chaque site étudié. Lorsque les valeurs ne sont pas disponibles par manque de données, il est mentionné « na ». Pour les prédateurs A = *Acanthaster planci*, D = *Drupella cornus*. Les menaces ou niveaux de dégâts sont classifiés comme L = léger, M = modéré et E = excessif (mentionné près des observations de prédateurs, de dégâts ou de menaces). Lorsque aucun dégât n'est observé alors qu'un prédateur est présent, la lettre P pour « présent » suit la mention du prédateur. La marque de prédation est indiquée près du prédateur comme FS lorsque les dégâts sont constatés mais aucun individu observé. En l'absence d'observation de menace ou de dégâts, la case correspondante pour le site est vide. La septième colonne contient les observations d'espèces de la Liste rouge.

SITE	Biodiversité des groupes focaux		Nombre approximatif de poissons cibles[1]	Pourcentage moyen de couverture de corail dur par niveau de profondeur		Prédateurs de coraux	Extraction de ressources marines	Commentaires/Observations supplémentaires	Observations d'espèces de la Liste rouge
	# d'espèces de coraux par effort d'échantillon-nage (zone ou temps)	Espèces de poissons		Profond (12-20m)	Peu Profond (2-10m)				
1	39/sans zone	192		na	na				oui
2	44/20 (2,2) m^2	218		46	45		oui*	dégâts par l'ancrage (L)	oui
3	28/100 (0,28) m^2	111			12		oui*	dégâts par l'ancrage (L)	oui
4	40/20 (2,0) m^2	168		29	51		oui*		oui
5	20/100 (0,2) m^2	154		9.3			oui	déchets	oui
6	22/26 (0,85) m^2	171			26	A(FS/L)	oui	déchets	
7	35/100 (0,35) m^2	183			18	A(P)	oui	déchets	
8	54/60 (0,9) m^2	143		22	62	D(L)	oui*	sédimentation	oui
9	41/20 (2,05) m^2	193		29	34	A(P)	oui*		oui
10	24/100 (0,24) m^2	109			15		oui*		oui
11	51/60 (0,85) m^2	178		22			oui*		oui
12	34/20 (1,7) m^2	133			34	A(P)	oui*		oui
13	46/60 (0,77) m^2	202		28	52	D(L)			oui
14	42/100 (0,42) m^2	111			35		oui*		oui
15	38/20 (1,9) m^2	120			68		oui*	déchets	oui
16	46/20 (2,3) m^2	177		56		A(L)			oui
17	33/100 (0,33) m^2	130			23	A(L)	oui*		oui
18	45/100 (0,45) m^2	229		50		A(L),D(L)	oui	déchets	oui
19	36/100 (0,36) m^2	151		16	19	A(L)	oui	déchets	
20	46/60 (0,77) m^2	na		49			oui	déchets	oui
21	20/47 (0,42) m^2	200		61	42	A(FS/L)	oui*		oui

SITE	Biodiversité des groupes focaux		Nombre approximatif de poissons cibles[1]	Pourcentage moyen de couverture de corail dur par niveau de profondeur		Prédateurs de coraux	Extraction de ressources marines	Commentaires/Observations supplémentaires	Observations d'espèces de la Liste rouge
	# d'espèces de coraux par effort d'échantillon-nage (zone ou temps)	Espèces de poissons		Profond (12-20m)	Peu Profond (2-10m)				
22	48/80 (0,6) m^2	157			28	A(P)	oui*		
23	49/100 (0,49) m^2	211			23		oui	déchets	oui
24	44/45 (0,98) m^2	169			22		oui	déchets	
25	33/100 (0,33) m^2	163			41	A(FS/L)	oui	déchets	oui
26	48/100 (0,48) m^2	225		32					oui
27	24/40 (0,6) m^2	167			19	A(P)	oui*		
28	26/60 (0,43) m^2	172			38	A(L)	oui	maladie sur une colonie de coraux (L), sédimentation, déchets	
29	62/40 (1,55) m^2	177			34	A(P)	oui	sédimentation, déchets	oui
30	43/40 (1,08) m^2	136			41		oui	sédimentation	oui
31	24/100 (0,24) m^2	202		33	12		oui	abrasion par le sable, déchets	oui
32	37/100 (0,37) m^2	179			35	A(L),D(L)	oui*		oui
33	48/80 (0,6) m^2	182			54		oui	déchets	oui
34	40/20 (2,0) m^2	201		51					oui
35	60/14 (4,29) m^2	193		62	54		oui*		oui
36	54/100 (0,54) m^2	158			36		oui*		oui
37	31/60 (0,52) m^2	179			13	A(P)	oui*		oui
38	41/60 (0,68) m^2	154			24		oui*		oui
39	14/100 (0,14) m^2	151			16		oui*		
40	53/40 (1,33) min	203			40	A(L)	oui*		
41	15/50 (0,3) min	206			55	A(L)	oui	déchets	oui
42	57/20 (2,85) m^2	194			44	A(P)	oui	déchets	

1. l'information non disponible
Oui indique les signes d'extraction observés par tous les chercheurs lors de l'évaluation de leur site
Oui* indique les signes d'extraction notés par le chercheur lors de la plongée tractée (*manta tow*) pour l'évaluation des invertébrés d'importance commerciale (voir Chapitre 3).

pour la construction routière le long de la côte. Ceci augmente certainement le ruissellement et la sédimentation des récifs voisins et il faudrait tout faire pour minimiser le déversement. L'augmentation des sédiments atteignant les récifs peut s'expliquer par les feux qui sont fréquents dans la région. Quelques personnes interrogées au sein des tribus ont émis des craintes face à la sédimentation des récifs (voir chapitre seis). Il est important de surveiller la sédimentation et de tout faire pour que le bassin versant reste intact, même lorsque les activités de développement sur la terre ferme sont nécessaires.

La menace la plus fréquente pour les sites récifaux étudiés réside dans l'extraction des poissons et dans une moindre mesure des invertébrés. Ce résultat n'est pas une surprise car les tribus dépendent des ressources côtières, principalement pour la pêche de subsistance et de manière limitée pour le commerce (voir chapitre 6). Par conséquent, les déchets trouvés sur le récif étaient principalement liés à la pêche. Les deux exemples d'autres types de déchets s'expliquent par la proximité de petits villages près des récifs frangeants où ils ont été trouvés. Les dégâts occasionnés par l'ancrage provenaient certainement de bateaux de pêche également.

Sur la base de ces résultats, il est recommandé que toute la zone du récif soit incluse et officiellement protégée comme un réseau d'aires protégées marines/aires gérées marines. Ceci doit être entrepris en collaboration avec toutes les parties prenantes locales et se baser sur la protection officielle dans le cadre du schéma actuel de gestion traditionnelle locale des Kanak de leurs zones de récif (voir chapitre 6). Le Mont Panié présente une excellente occasion de conserver des espèces terrestres, d'eau douce et marines ainsi que leurs habitats dans le cadre d'un paysage intégré terrestre et marin.

Tableau 3. Synthèse des catégories comparatives de l'état des sites récifaux. Catégories comparatives de l'état des sites récifaux étudiés sur la base d'un classement cumulatif de la biodiversité totale des espèces de poissons et de coraux par effort d'échantillonnage, du nombre approximatif des poissons cibles, du taux moyen de couverture de corail et de la prise en compte de la présence ou de l'absence d'utilisation par l'homme.

Classement	Site
Excellent	1, 2, 21, 35
Très bon	4, 7, 8, 9, 11, 16, 18, 26, 34, 40, 41, 42
Bon	6, 12, 17, 19, 20, 22, 23, 24, 27, 28, 30, 31, 32, 33, 36, 37, 38
Moyen	3, 5, 10, 14, 15, 29, 39

RÉFÉRENCES

Bryant, D., Burke, L., McManus, J. et Spalding, M. (Ed). 1998. Reefs at Risk: A Map - Based Indicator of Threats to the World's Coral Reefs. World Resources Institute 56pp.

English, S., Wilkinson, C. et Baker, V. (Ed). 1997. Surveymanual for Tropical Marine Resources, 2nd Edition. Australian Institute of Marine Science publication.390pp.

Lovell, E., H. Sykes, M. Deiye, L. Wantiez, C. Garrigue, S. Virly, J. Samuelu, A. Solofa, T. Poulasi, K. Pakoa, A. Sabetian, D. Afzal, A. Hughes et R. Sulu, 2004, Status of Coral Reefs in the South West Pacific: Fiji, Nauru, New Caledonia, Samoa, Solomon Islands, Tuvalu and Vanuatu.. p: 337-362 . in C. Wilkinson (ed.). Status of coral reefs of the world: 2004. Volume 2. Australian Institute of Marine Science, Townsville, Queensland, Australia. 557 p.

Peters EC, Halas JC et McCarty HB (1986) Calicoblastic neoplasms in *Acropora palmata* with a review of reports on anomalies of growth and form in corals. Journal of National Cancer Institute 76:895-912

Sulu, R., R. Cumming, L. Wantiez, L. Kumar, A. Mulipola, M. Lober, S. Sauni, T. Poulasi et K. Pakoa, 2002, Status of Coral Reefs in the Southwest Pacific Region to 2002: Fiji, Nauru, New Caledonia, Samoa, Solomon Islands, Tuvalu and Vanuatu.. In: C.R. Wilkinson (ed.), Status of coral reefs of the world: 2002. GCRMN Report, Australian Institute of Marine Science, Townsville. Chapter 10, pp 181-201.

Wantiez L, Garrigue C et Virly S (2004) Status of coral reefs in New Caledonia. Report 1-17

Chapitre 6

L'usage communautaire et la conservation des ressources marine dans Mont Panié Region

Naamal De Silva, Sheila A. McKenna, Henri Blaffart, Edmond Ouillate et Ghyslaine Le Nagard

RESUME

- Les communes de Hieghène et de Pweevo (Pouébo) sont surtout habitées par des Kanaks (près de 95%; recensement de 1996) avec une population respective de 2627 et de 2381 habitants (recensement de 2004). Les informations sur l'utilisation des ressources marines, les préoccupations et les opinions des habitants de la côte sont fournies ici principalement sur la base d'entretiens approfondis, effectués sur le terrain auprès de 21 villages ou tribus kanak. Les habitants dépendent fortement des ressources marines pour leur subsistance. L'extraction des ressources à des fins commerciales est très limitée et la pêche restreinte à des zones proches du rivage.

- Les habitants emploient un ensemble de techniques et d'outils allant du ramassage à la main d'animaux sur les récifs, à la pêche à la canne à partir de bateaux, extrayant une grande diversité d'espèces marines. Les espèces marines collectées comprennent les concombres de mer, les mollusques, les crustacés et plusieurs espèces de poissons (raies, harengs, mérous, carangues, lutjans).

- Les habitants notaient le déclin avec le temps de la plupart des populations d'espèces marines. Les raisons invoquées pour ce déclin étaient: 1) l'augmentation de la population globale et du nombre de pêcheurs; 2) l'amélioration de l'efficacité et une plus grande disponibilité de l'équipement de pêche ; 3) la surexploitation des espèces à des fins commerciales; 4) l'absence ou la perte du savoir traditionnel (par exemple, en ne laissant pas suffisamment de temps de récupération aux ressources naturelles et; 5) la "pollution" (débris et sédimentation). Les autres préoccupations des tribus sont liées à l'environnement, à la santé humaine, à l'éducation et à l'emploi.

- Les lois gouvernementales et tribales régissent l'utilisation des ressources marines. Les tribus appliquent plusieurs techniques de gestion de l'environnement pour répondre au déclin constaté de l'abondance des espèces. Au moins cinq tribus appliquent des périodes de fermeture et des réserves provisoires pour gérer la pêche. Les règlements appliqués aux sites traditionnels tabous fournissent également une protection *de facto* à quelques endroits. La plupart du temps, les tribus appliquent un ensemble flexible de règles à l'accès aux ressources côtières. La gestion actuelle par l'Etat est principalement limitée aux réglementations sur l'extraction d'espèces particulières comme les tortues de mer et les crabes. Des limites s'appliquent également à l'équipement autorisé.

- La communauté était en faveur d'une réglementation accrue de l'utilisation des ressources aux niveaux tribal et institutionnel et soutiendrait les stratégies de gestion et de conservation, y compris la mise en place d'une aire protégée marine. Les tribus désireraient vivement être impliqués dans la planification et la gestion de l'aire protégée. Cependant, quelques personnes interrogées disaient souvent ignorer ou méconnaître les règlements environnementaux en vigueur. Améliorer l'éducation environnementale et renforcer les capacités s'avèreront essentiels pour une gestion efficace de ces récifs.

INTRODUCTION

"La mer est comme notre mère: elle nous nourrit." – un interlocuteur de St. Paul

Les informations sur l'utilisation des ressources marines, les préoccupations et les opinions des habitants de la côte sont fournies ici principalement sur la base d'entretiens approfondis, effectués sur le terrain auprès de 21 villages ou tribus kanak. Leur connaissance traditionnelle de la mer et leur entière participation sont essentielles à un développement réussi et à la mise en œuvre officielle de l'aire marine gérée communautaire qui est proposée sur les récifs adjacents aux communes de Hienghène et Pweevo (Pouébo). Les seules lois officielles régissant l'utilisation des ressources marines dans la zone d'étude portent sur l'extraction de certaines espèces, comme des espèces menacées sur le plan mondial ou importantes sur le plan commercial, ainsi que sur les équipements de pêche autorisés. Bien qu'elles ne constituent pas une législation officielle, les pratiques traditionnelles de gestion des ressources marines et les mesures de conservation instituées par les tribus existent pour des sites donnés de la région étudiée. Les pratiques tribales et les mesures de conservations décrites par les habitants interrogés sont également détaillées ici.

L'importance des ressources marines pour les habitants des communes de Hienghène et de Pweevo (Pouébo) ne peut être minimisée. Les habitants dépendent de la terre et de la mer pour la majeure partie de leur nourriture et achètent le reste dans des petits commerces. Très peu d'habitants ont des emplois payés en dehors de la tribu. La culture et la spiritualité kanak appellent à des liens très étroits avec le monde naturel et le monde des ancêtres (Bensa et Leblic, 2000). Les tribus locales ont transmis oralement leur savoir d'une génération à l'autre. Les légendes et les croyances lient étroitement les hommes aux animaux et aux lieux qui les entourent, tout comme leur dépendance sur l'agriculture et la pêche pour leur survie. Les croyances liant les hommes au monde des ancêtres prédominent. Les coutumes et les rites jouent un rôle important dans la vie quotidienne. Les clans revendiquent des droits coutumiers aux terres à travers leur parenté à un ancêtre commun. La terre peut être détenue par droits coutumiers pour la culture ou l'utilisation, mais elle ne peut être possédée (Maruia Society et Conservation International, 1998). Les sites marins (comme les récifs et les estuaires) sont sous propriété commune par les propriétaires traditionnels qui en contrôlent les droits d'utilisation. Comme il a été mentionné ci-dessus, des restrictions d'utilisation existent actuellement pour certaines zones et / ou espèces. Ces sites sacrés ou « tabous » font l'objet de diverses utilisations et restrictions. La présence d'esprits ancestraux est souvent liée aux sites désignés comme tabous, à la fois sur terre et en mer.

La culture kanak est complexe. La famille nucléaire constitue la base de la société; les groupes de familles apparentées avec un ancêtre commun forment les clans. Dans ce système patriarcal, les hommes les plus âgés issus des familles les plus anciennes étaient à la tête des clans ; ils étaient les chefs traditionnels. La structure sociale s'est compliquée après la colonisation par les Européens en 1867, qui ont créé un système de tribus administratives basé sur l'emplacement géographique. Ainsi, aujourd'hui, plusieurs clans sont souvent regroupés en tribus, mais les membres de clans peuvent appartenir à plusieurs tribus: une tribu équivaut à un village et se rapporte davantage à l'endroit où se trouve l'individu qu'aux liens de parenté. Chaque tribu est dirigée par un "petit chef" et par un conseil des anciens. Un "grand Chef" dirige des groupes de tribus (Bensa et Leblic, 2000; Maruia Society et Conservation International, 1998). Le système de communes, qui ont leurs noyaux administratifs dans des villages dirigés par un maire, se superpose à cette structure de gouvernement.

Les Communes de Hienghène et de Pweevo (Pouébo) ont leurs centres administratifs respectivement dans les villages de Hienghène (20° 40' 60 S, 164° 55' 60 E) et de Pweevo (Pouébo) (20° 23' 60 S, 164° 34' 0 E). Hienghène regroupe les hameaux allant de Pindache à Tao, tandis que Pweevo (Pouébo) comprend ceux de Colnett à St. Denis de Balade. Chaque hameau constitue également une tribu distincte. Dans la zone d'étude, la population est de 2627 habitants à Hienghène avec une densité de 2,5 habitants au kilomètre carré et de 2381 habitants à Pweevo (Pouébo) avec une densité de 11,7 habitants au kilomètre carré, sur la base du recensement de 2004. La population est constituée principalement de Kanaks qui vivent au sein de 20 tribus à Hienghène et 16 tribus à Pweevo (Pouébo). Le tourisme est limité ; il n'y a qu'un seul grand hôtel (d'une capacité maximale de 240 personnes), le Club Med Koulnoué Village (appelé également le Club Med Hienghène) se trouvant dans la zone d'étude près de la tribu de Koulnoué. Il y a quatre groupes linguistiques dans la région : Foueni de Pindache à Tao; Djiawé de Colnett à Tchambouenne; Chtaacht de St. Ferdinand à Ste. Marie de Pweevo (Pouébo); etYalayu à l'extrême nord.

Notre zone d'étude allait de Pindache 20°42'30S, 164°59'30E à Balade 20°18'45 S, 164°29'20E. La côte nord-ouest de Grande Terre est caractérisée par un relief vallonné s'estompant vers une étroite plaine côtière. Le plus haut sommet est le massif du Panié, ou le Mont Panié, à une altitude de 1628 mètres ; la montagne n'a jamais été habitée et les populations locales la considèrent comme un site sacré (Maruia Society et Conservation International, 1998). Il y a très peu de forêts dans la zone d'étude, en dehors de la Réserve du Mont Panié. Les récifs frangeants, intermédiaires et barrières s'étendent le long de la côte avec des îlots sablonneux épars. La partie de forêt pluviale côtière qui se trouve à basse altitude a été brûlée ; ainsi les zones de basse altitude sont couvertes d'arbustes et d'herbacées ainsi que d'une espèce d'arbre envahissante et indigène communément appelée niaouli, *Melaleuca quinquenervia*. Des mangroves bordent le littoral le long d'une grande partie de la portion nord de la zone d'étude dans la commune de Pweevo (Pouébo). A Hienghène, les mangroves se trouvent le long des estuaires et sur les rives du petit lagon à Koulnoué. Les mangroves abritent de nombreuses espèces de poissons et de crabes. Elles constituent également des lieux de reproduction et de frai pour ces espèces. Elles protègent le littoral contre les effets des vagues et du vent ; les zones dépourvues de mangroves subissent l'érosion.

METHODES

Des entretiens approfondis avec des groupes de discussion ont été effectués auprès de 21 hameaux ou tribus côtières, dans les communes de Hienghène et de Pweevo (Pouébo) entre le 25 novembre et le 14 décembre 2004. Nous avons débuté les entretiens dans le sud avec la tribu de Pindache et poursuivi vers le nord en les achevant à St. Denis de Balade (Carte 1). Les tribus avaient été notifiées de la visite future d'une équipe de chercheurs qui viendraient étudier les récifs et discuter avec elles ; quelques jours avant chaque entretien, nous avons contacté le chef de chaque tribu et lui ont demandé de choisir les participants à la discussion ainsi que l'heure de l'entretien.

La technique d'entretien choisie est celle de groupes de discussion pour plusieurs raisons. Tout d'abord, cette technique semblait convenir aux chefs de tribus du fait que la discussion de groupe était similaire aux autres réunions tribales. De plus, cette méthode nous permettait de discuter avec beaucoup de personnes et de rassembler une grande quantité d'informations dans un court délai ; elle nous permettait également de mettre les participants plus à l'aise et de développer la discussion (Bunce *et* al, 2000). Cette technique a comme inconvénients de générer des informations presque entièrement qualitatives et de ne pas permettre à chaque personne du groupe de répondre à chaque question. En général, quelques individus répondaient à la plupart des questions. Le terme « personne interrogée » désigne un individu qui était présent au moment de l'entretien et fournissait des informations.

Les entretiens avec le groupe de discussion couvraient deux sujets principaux. Le premier sujet portait sur la population et l'activité de pêche de la tribu, le deuxième sujet sur différents aspects des espèces fréquemment collectées. Le premier point comprenait le nombre d'habitants et de bateaux, si les pêcheurs sont des hommes ou des femmes, leur technique et la fréquence de l'effort de pêche. Le deuxième point incluait les détails des espèces collectées comme le nom kanak des espèces, les techniques spécifiques d'extraction et la perception par les tribus de l'abondance de l'espèce. Le tableau des espèces collectées a été compilé de manière cumulative en commençant par Pindache, la première tribu interrogée. Nous demandions aux personnes interrogées de faire une liste de toutes les espèces qu'elles collectent régulièrement ; les autres tribus interrogées rajoutaient les espèces qu'elles collectaient. L'objectif était d'obtenir une impression générale de ce qui était collecté et non pas une liste exhaustive de toutes les espèces collectées par chaque tribu. Ainsi, la liste des espèces constitue une compilation et n'est pas représentative d'une tribu ou d'une autre. Les noms communs des espèces différant d'une tribu et d'une langue à l'autre, nous nous étions appuyés sur les photographies des livres (Lieske et Myers 1995, Laboute et Granperrin 2000, Laboute et Richer de Forges 2004) pour l'identification des espèces.

Pour chaque espèce, nous avons réuni des informations sur les techniques anciennes et actuelles d'extraction, l'activité commerciale et les prix, ainsi que la tendance de l'abondance selon l'opinion des personnes interrogées. Pour les perceptions de l'abondance, une catégorie qualitative a été appliquée comme présenté dans l'Encadré 2 du Tableau 3. Chacun tribu interrogée était assignée une catégorie des espèces évoquées. Les quatre catégories possibles étaient: baisse en abondance, aucun changement de l'abondance, et hausse en abondance. La quatrième catégorie était "pas assez d'information." Les personnes interrogées au sein de chaque tribu s'accordaient généralement sur leur perception de la tendance. Les informations sur les espèces collectées sont issues des entretiens avec 20 tribus car nous n'avons pas pu rassembler les données pour St. Denis de Balade par manque de temps. La tendance à la hausse ou à la baisse selon l'opinion des tribus pour l'espèce en question en donne une idée générale de base ; les opinions de l'évolution sont de toute évidence subjectives et sont liées à des facteurs comme l'âge de la personne interrogée. Cependant, les perceptions des tribus restent très utiles.

Les entretiens sur le terrain comprenaient également le remplissage d'un questionnaire semi-structuré qui portait sur d'autres facteurs environnementaux, tels que les menaces perçues sur la qualité de l'environnement, les règlementations environnementales tribales et provinciales / territoriales ainsi que les aspects culturels de l'utilisation des ressources marines (Fowler 1995; Bunce *et al.* 2000). L'observation lors de l'étude des activités liées à la mer a permis de rajouter d'autres informations. Ces activités comprenaient le ramassage ou la pêche sur les récifs, la présence d'équipement de pêche dans le village, les affichages publics et le commerce. L'équipe s'était arrêtée aux étals le long de la route où les habitants locaux vendaient des souvenirs, y compris des coquillages et des coraux, aux touristes.

Au début de nos réunions avec chaque tribu, nous avions présenté à nos hôtes une "coutume" – un morceau de tissu coloré plié et de l'argent (aujourd'hui, on utilise l'argent officiel alors que dans le passé, on utilisait des grands morceaux d'argent de cérémonie fabriqué à partir de différentes matières naturelles). Les hôtes souhaitaient à leur tour la bienvenue aux invités et offraient parfois du tissu et / ou de l'argent. Cette coutume régit les rencontres lorsque des personnes de tribus ou d'appartenance différentes se rendent visite. Les entretiens avaient lieu dans la maison communale de la tribu, sauf à St. Ferdinand, où l'entretien avait lieu dans une maison d'hôte. Les entretiens duraient pour la plupart de quatre à cinq heures. Dans les grands groupes, seules deux à cinq personnes répondaient à la plupart des questions. Les autres observaient pour la plupart mais prenaient parfois la parole pour répondre ou débattre de certaines réponses. Les entretiens avaient lieu principalement en français, avec des parties de discussion dans les langues kanak. Au début de chaque entretien, nous demandions aux participants de délimiter les frontières de leur tribu sur une carte.

Tableau 1: Informations sur les tribus. Ce tableau présente des informations sur chaque tribu (village) visitée. Les tribus sont classées du Nord au Sud au sein des communes de Hienghène et de Pweevo (Pouébo). Les statistiques démographiques proviennent du recensement de 1996, car les résultats du recensement de 2004 ne sont actuellement disponibles qu'au niveau de la commune.

Nom de la tribu	Nombre de résidents (sur la base des informations fournies par les personnes interrogées)	Nombre de résidents (sur la base du recensement de 1996)	Nombre de bateaux	Activité de pêche des hommes et des femmes	Fréquence de l'effort de pêche
Commune de Hienghène					
Pindache	20	31	0	Les femmes collectent des crustacés et des coquillages et utilisent des cannes à pêche ; les hommes utilisent des filets	Deux fois par semaine
Koulnoué ou Kuun We	50, 30 enfants	85	0	Les femmes collectent des crustacés et des coquillages et utilisent des cannes à pêche ; les hommes utilisent des filets	Tous les jours
Lindéralique	60	127	1	Les femmes collectent des crustacés et des coquillages et utilisent des cannes à pêche ; les hommes utilisent des filets ; ceci est en train de changer	
Ouare ou Ware	400 (ce nombre inclut Ouare, Ouen-Pouest, Tilougne et Ouenghip; qui s'écrivent également Ware, Wan-Puec, Tilougne et Wajik)	395	5	Les femmes collectent des crustacés et des coquillages et utilisent des cannes à pêche ; les hommes utilisent des filets	
Ouenquip, Ouenghip ou Wajik (dans Ware)	50-60 (30 adultes)	72	6		2-3 fois par semaine
Ouenpouec ou Wan Puec (dans Ware)	50-60 (40 adultes)	N/A (chiffre global pour Ware uniquement)	6	Les femmes n'utilisent pas de fusils à harpon ou de lignes, mais prennent parfois le bateau	
Oueieme	80 (40 enfants)	58	5	Les hommes et les femmes emploient les mêmes techniques	
Panié	70 (environ 35 enfants de moins de 12 ans)	N/A (105 avec Tao)	11	Les femmes emploient tous les moyens à l'exception de l'épervier ; la pêche est la principale activité de cette tribu car bon nombre d'entre eux ne travaillent pas en-dehors de la tribu	Tous les jours, parfois deux fois par jour

Nom de la tribu	Nombre de résidents (sur la base des informations fournies par les personnes interrogées)	Nombre de résidents (sur la base du recensement de 1996)	Nombre de bateaux	Activité de pêche des hommes et des femmes	Fréquence de l'effort de pêche
Tao	26 (9 adultes de plus de 18 ans)	N/A (105 avec Panie)	Aucun bateau à moteur depuis 1999; un petit canot à rames	Les femmes emploient tous les moyens à l'exception de l'épervier ; plus de cultures maintenant que dans le passé	Tous les jours, parfois deux fois par jour
Commune de Pweevo (Pouébo)					
Wevia ou Colnett-Galarino et Paalo	100 personnes à Colnett-Galarino (environ 25 adultes)	119 (101 à Colnett et Galarino; 18 à Paalo)	7, dont 3 utilisés régulièrement pour la pêche commerciale (pour vendre – 2 pour les concombres de mer)	Les hommes et les femmes emploient les mêmes techniques	4-5 jours par semaine
Le Jao ou Diahoue ou Welik	270 (les enfants représentent environ la moitié)	274	6	Les hommes et les femmes emploient les mêmes techniques ; 21 personnes environ pêchent	Tous les jours. Le poisson est souvent à vendre – 21 pêcheurs vendent sans doute (aussi loin au nord que Balade). La plupart des crustacés et coquillages sont collectés par les femmes, qui emploient les mêmes techniques que les hommes à l'exception du filet à maquereau.
Hyabe ou Yambe	Environ 100 personnes (environ 30 adultes); 23 maisons	117	4	Les hommes et les femmes emploient les mêmes techniques	3-4 fois par semaine près du rivage ; environ une fois par mois seulement plus loin
Cabwen ou Tchamboene	400 environ (environ 100 adultes)	366	15		Tous les jours
St. Ferdinand (Village de Pweevo)	90 (10 adultes – mais il s'agit peut-être des anciens)	196	10	Les hommes et les femmes emploient les mêmes techniques	
Pweâ ou St. Gabriel de Pouébo	100	91	10	Les femmes utilisent parfois des filets (à l'exception de l'épervier, un type de filet spécial à mailles fines pour attraper des petits poissons), mais récoltent surtout des crustacés et des coquillages ; 30 pêcheurs	Une fois toutes les deux semaines
Pwai ou Ste. Marie de Pouébo	150 (50 adultes)	106	3	Tous les adultes pêchent. Les femmes collectent surtout des crustacés et des coquillages et utilisent des cannes à pêche ; les hommes utilisent des filets	Une fois par semaine

Nom de la tribu	Nombre de résidents (sur la base des informations fournies par les personnes interrogées)	Nombre de résidents (sur la base du recensement de 1996)	Nombre de bateaux	Activité de pêche des hommes et des femmes	Fréquence de l'effort de pêche
Mwâ Zaac ou St. Louis ou Mwa-Daach ou Re-Caach	170 (les adultes représentent environ la moitié)	292	5-6 bateaux	Tout le monde pêche; les femmes collectent des coquillages, des crustacés et des poissons dans les mangroves tandis que les hommes pêchent au filet.	Une fois par semaine
St. Paul Weda ou	Environ 120 personnes, 50-60 adultes	100	6	A marée basse, même les enfants pêchent. Les femmes pêchent surtout avec des cannes et collectent des crustacés et coquillages (elles utilisent parfois des filets)	3-7 fois par semaine
St. Gabriel de Balade Balaar ou	200 (environ 70 adultes)	108	4	Les hommes et les femmes emploient les mêmes techniques	Deux fois par semaine (moins que dans le passé mais davantage de pêcheurs)
Webwan ou Ste. Marie de Balade ou Weboine	60 environ; 27 enfants	96	7	Les hommes pêchent surtout du poisson et les femmes récoltent surtout des coquillages et des crustacés, mais pêchent parfois au filet	Tous les jours – plus que dans le passé

RESULTATS ET DISCUSSION

Informations sur les tribus et activité de pêche

Les hommes âgés de 35 à 70 ans constituaient la majorité des personnes sondées, mais quelques femmes participaient également. Les hommes les plus âgés étaient ceux qui répondaient le plus souvent : ils étaient généralement les anciens ou les chefs de leurs tribus et ils pêchaient depuis longtemps. Les enfants étaient parfois présents lors des entretiens, mais ils ne prenaient généralement pas la parole. Toutes les personnes interrogées reconnaissaient qu'ils avaient une vie de bonne qualité et généralement qu'ils en étaient heureux. La nourriture, l'accès à l'éducation et aux soins médicaux étaient considérés appropriés. Les personnes sondées n'avaient aucun mal à délimiter les frontières de leur tribu et utilisaient souvent les cours d'eau comme frontières physiques (Carte 1). Cependant, elles disaient fréquemment que ces frontières n'étaient pas réelles et qu'elles pouvaient aller et venir à leur gré, bien que la majorité pêchait principalement dans les limites de leur territoire et de celui des tribus adjacentes. S'il leur arrivait de pêcher en dehors de leur commune, elles demandaient en général l'autorisation du chef de la tribu concernée et s'acquittaient d'une « coutume ». Les règles sont assez souples et sont perçues comme une marque de respect envers les autres tribus.

Il n'y aucune règle spécifique dans aucune des tribus lorsque les personnes pêchent plus loin en mer, y compris sur les îlots au large de la côte de la commune de Hienghène. Les tribus ne voyaient en général pas pourquoi il faudrait exercer un contrôle sur l'océan, en partie parce qu'elles n'ont pas un contrôle direct de l'océan, mais également parce que le déclin des stocks est plus difficile à constater. Un ensemble de règles assez souples régit l'utilisation des ressources au-delà des frontières de la tribu d'un individu. En général, les membres des autres tribus ont besoin d'une autorisation pour pêcher de la plage ou sur les récifs se trouvant en face du territoire d'une tribu. Des personnes provenant d'une commune éloignée et d'autres personnes qui ne sont pas Kanak peuvent pêcher pour la subsistance après autorisation, mais elles ne devraient en général pas collecter des ressources marines à des fins commerciales. La présence des guides locaux permet de contrôler la pêche par les touristes.

La plupart des tribus n'approuvaient pas les bateaux de pêche non identifiés (en particulier les bateaux de pêche commerciaux). En général, si les membres de la tribu avaient un bateau à disposition et si le bateau de pêche étranger n'était pas trop loin, ils demanderaient aux pêcheurs de partir. Sinon, le chef avait l'option d'appeler la police pour une enquête. Une personne interrogée à Colnett justifiait cette attitude en disant que « s'ils sont venus ici pour pêcher, soit ils ont déjà épuisé tout le poisson là où ils vivent, soit ils ont pollué la mer. Nous devons protéger ce qui nous appartient, ou plutôt ce qui appartient à nos ancêtres, à la nature et à la Terre. »

Les personnes interrogées faisaient état d'une population de 20 à environ 400 personnes pour les tribus approchées (Tableau 1). Les chiffres présentés par les habitants différaient de ceux du recensement de 1996. Il est important de noter que les informations sur le nombre d'habitants par tribu sur la base du recensement de 2004 n'étaient pas disponibles. Les hommes et les femmes pêchent dans toutes les tribus mais les données sont incomplètes pour deux tribus (Tchamboene et Ouenquip). Selon les tribus, les techniques employées par les hommes et les femmes sont similaires ou peuvent différer en termes d'équipement et d'espèces ciblées. Traditionnellement, les hommes pêchent principalement au filet, tandis que les femmes collectent des coquillages à marée basse et pêchent parfois à la canne. Ce partage des tâches perdure aujourd'hui dans quelques tribus comme Linderalique et St. Louis.

Les tribus approchées estimaient qu'il y avait un total de 113 bateaux, allant de pirogues aux bateaux à moteur. Les bateaux traditionnels étaient des bateaux à voile, des pirogues et des radeaux de bambou. Aujourd'hui, on utilise des petits bateaux à moteur et parfois des pirogues ou des radeaux. La fréquence de l'activité de pêche variait selon les tribus de une à deux fois par jour à une fois toutes les deux semaines. Il serait utile de rassembler des données sur la quantité prise par unité d'effort ainsi que des informations plus approfondies sur le type de méthode employée (équipement utilisé) et sur les spécifications des bateaux (capacité, motorisé ou non motorisé).

De nombreuses techniques de pêches ont cours dans la région. La plupart de ces méthodes impliquant l'utilisation de matériel et d'outils, telles qu'elles ont été décrites par les tribus, sont résumées et commentées dans le Tableau 2 avec une courte description des méthodes et la liste des espèces ciblées. Les tribus collectent souvent des espèces marines à la main, ce qu'on appelle aussi collecte sur le récif.

ESPÈCES COLLECTÉES

Pour la plupart des tribus approchées, la pêche est principalement pour la subsistance ; le surplus est vendu sur les marchés locaux. Quelques espèces sont collectées à la fois pour la subsistance et pour la vente (Tableau 3). Des personnes de toutes les tribus notaient un déclin des quantités de poisson, de coquillages et d'autres espèces collectées. Quelques personnes interrogées avaient du mal à faire la différence entre l'évolution dans le temps et l'abondance actuelle, ce qui pourrait fausser la mesure de la tendance perçue de l'abondance des espèces. Ainsi, l'affirmation « beaucoup plus rare » pourrait signifier « rare aujourd'hui, mais l'était peut-être déjà autrefois ». Cet avertissement s'applique particulièrement au cas de Colnett où nous avons dû revoir et corriger plusieurs réponses. Il est important de souligner que les données sur l'évolution et l'abondance portent généralement sur les zones près du rivage et en particulier sur les récifs frangeants car de nombreuses personnes interrogées ne possèdent pas de bateaux.

La pêche est principalement de subsistance, mais quelques poissons sont pêchés pour la vente. Cependant, même pour la pêche commerciale, les quantités prélevées sont très faibles et ne dépassent pas quelques kilos par pêcheur par unité d'effort. Les tribus exerçant une pêche commerciale limitée sont St. Paul et Ste. Marie de Balade qui se trouvent toutes les deux au nord de la région d'étude. A St. Paul, 20 à 60 kg de poissons sont vendus chaque semaine tandis qu'à Ste. Marie de Balade, les pêcheurs vendent 100 à 500 kg de poisson chaque semaine, et ce depuis début 2004. Les espèces pour le commerce sont le mérou Malabar, le bec de canne (*Lethrinus* sp.) et les mulets (*Liza vaigiensis* (Quoy & Gaimard), *Valamugil seheli* (Forsskal). Aucun poisson n'est jamais vendu à Yambe, et très rarement à St. Louis. Aucune des tribus ne vend généralement les mollusques et coquillages. Aucune tribu de la zone d'étude ne prend part au commerce de poissons vivants.

Les personnes interrogées affirmaient en majorité que les poissons collectés étaient en bonne santé et qu'ils ne présentaient aucune trace de difformité, des lésions ou d'autres réactions visibles à la pollution chimique. La présence de ciguatera était mentionnée. A Pindache, les personnes interrogées disaient que *Caranx ignobilis* et le mérou Malabar pouvaient avoir la ciguatera à l'époque où le pommier kanak (*Syzygium malaccense*) était en fleur. Une autre personne avait remarqué la présence de ciguatera sur du poisson dans certaines zones uniquement, un phénomène qui pourrait être liée au corail. Selon quelqu'un de Colnett, certains poissons avaient la ciguatera pendant trois mois lorsque le corail « fleurissait » au printemps. Cette « floraison » fait sans doute référence à la ponte des coraux.

Très peu de gens avaient identifié des espèces ayant complètement disparu de la zone. Cependant, certaines tribus avaient fait des remarques et parfois exprimé leur inquiétude par rapport aux populations décroissantes de plusieurs espèces qui sont également de préoccupation mondiale (c'est-à-dire des espèces classées par la CITES et sur la Liste rouge de l'UICN). Ces espèces comprennent coraux, bénitiers géants, requins, napoléons, tortues de mer, baleines et dugongs.

Coraux

Les personnes interrogées affirmaient en majorité que ni elles ni d'autres de leur tribu ne collectaient ou ne vendaient du corail. Néanmoins, du corail était en vente sur les étals de bord de route. La plupart des coraux avaient probablement été collectés sur la plage, mais un sculpteur avait cependant reconnu collecter du corail vivant sur les récifs pour le vendre aux touristes. Des habitants de Tao faisaient preuve d'une sensibilisation à l'importance du corail : « s'il n'y avait pas de corail, il n'y aurait pas de poisson, et sans poisson, nous ne pouvons pas vivre ». Selon une personne sondée, les habitants de Colnett collectaient à la fin des années 1980 un type de corail pour le vendre aux touristes sur le bord de la route. Ils avaient ensuite constaté que le récif se modifiait et ne vendent du corail que rarement aujourd'hui.

Tableau 2. Récapitulatif des techniques de pêche employées par quelques-unes des tribus interrogées. Pour chaque méthode de pêche, le matériel ou les outils utilisés sont présentés avec des commentaires, ainsi qu'une description succincte et l'élément du biote marin cible.

Matériel utilisé pour capturer le biote marin	Descriptions	Biote cible	Commentaires
TECHNIQUES AVEC UTILISATION DE DIFFÉRENTS TYPES DE FILETS			
Les filets en général	La taille des mailles varie de 5 mm à plus de 10 cm. En plus des filets disponibles dans le commerce, les fibres de coton, d'aloès, de bourao, et de coco sont utilisées pour fabriquer des filets.	Poissons	Plusieurs tribus du nord disent que des gens laissent parfois les filets dans l'eau pendant plusieurs jours ; des individus interrogés affirment cependant que cette pratique est mauvaise car l'eau à l'intérieur des filets devient « trop froide », ce qui n'incite pas les poissons à venir ou alors que le poisson pris dans le filet pourrit et ne peut être consommé.
Sardinier	Filet avec une maille de 5mm	Sardines et autres petits poissons	N/A
Epervier	Filet avec une maille fine	Petits poissons	N/A
Epuisette	Filet en forme de poche fixé à l'extrémité d'un manche	Poissons	N/A
Grand filet à maille en forme de diamant	Filet de 2 mètres de large et de 50 à 100 mètres de long, avec une maille en forme de diamant de 10 à 12 cm de côté	Tortues pour les cérémonies	Filet employé par les habitants de Diahoue pour attraper des tortues pour les cérémonies
Grand filet avec des bâtons	Huit à dix mètres de profondeur ; la longueur est au moins le double pour encercler des bancs de poissons qu'on attire vers le filet en tapant l'eau avec des bâtons	Bancs de poissons comme les maquereaux (Nyou)	Méthode mentionnée par des personnes interrogées à Diahoue
Branches entrelacées	Des branches de cocotier, de mangrove ou autres sont entrelacées de manière lâche pour constituer une structure en mur, placée en demi-cercle à l'embouchure d'un ruisseau ou d'une petite rivière. A marée basse, les sardines sont coincées près du mur de branches et collectées ensuite à la main ou à l'aide de paniers tressés à partir de feuilles de cocotier.	Sardines et plusieurs autres espèces de poissons	Méthode traditionnelle employée parfois par les habitants de Ste. Marie de Balade
TECHNIQUES AVEC EMPLOI DE DIFFÉRENTES SUBSTANCES			
Poison tiré d'une liane, d'une racine d'une plante grimpante ou d'une autre racine d'une plante non identifiée	Lorsque la rivière, le ruisseau ou la mare est profond, le poison est utilisé pour tuer le poisson pour que celui-ci flotte ensuite à la surface et puisse être collecté facilement.	Poissons	Méthode employée parfois par les habitants de Ste. Marie de Balade. A Wan Puec et Oueieme, la racine d'une certaine plante était traditionnellement utilisée à ces fins, mais le nom de la plante a été oublié.
Extrait de concombre de mer	Le concombre de mer est coupé en morceaux et utilisé comme toxine pour sortir la pieuvre du trou	Pieuvre	Méthode traditionnelle utilisée autrefois par les habitants de St. Paul et Ste. Marie de Balade. Similaire à la méthode de la pierre bleue (voir ci-dessous), mais les effets sont censés être moins durables.
Pierre bleue	Type de substance placée à l'entrée d'une cavité dans le récif où vit a pieuvre pour sortir l'animal	Pieuvre	Seule une tribu reconnaît utiliser cette substance qui apparemment empêche ultérieurement les pieuvres d'occuper des cavités où la substance a été employée (selon certains, même après plusieurs années) ; elle peut également tuer des poissons. Plusieurs personnes interrogées affirment cependant que des personnes d'autres tribus emploient encore cette technique.

TECHNIQUES IMPLIQUANT L'UTILISATION D'OUTILS OU DE MATÉRIEL DIVERS			
Bâtons	La surface de l'eau au-dessus des bancs de poissons est tapée avec des bâtons ; les poissons atteints flottent à la surface et peuvent être collectés.	Poissons	Technique traditionnelle employée parfois par les habitants de Ste. Marie de Balade
Arcs et flèches	Les flèches sont pointées sur les poissons.	Poissons	A Wan Puec, les habitants fabriquent des arcs et des flèches avec des tiges de fer à béton ou utilisent des flèches de fusils de pêche
Nasse	Piège à crabes	Crabes	N/A
Lances, fusils sous-marins et harpons	Lancés ou pointés sur l'animal	Grands poissons	N/A
Couteaux, machettes ou barres d'acier	Utilisés pour décoller les huîtres des racines de mangroves ou des rochers	Huîtres	La racine des mangroves est parfois coupée
Lignes de pêches, lignes longues et cannes à pêche avec des lignes	Méthode standard de pêche à la ligne ou avec une canne	Différents poissons y compris ceux vivant à plus grande profondeur	Les lignes peuvent être achetées dans le commerce ou fabriquées avec différentes fibres d'aloès, de bourao, de coton ou d'une plante grimpante forestière. Des poids sont rajoutés aux lignes pour attraper des poissons vivant à plus grande profondeur.

Bénitiers géants

Selon plusieurs tribus, les bénitiers étaient autrefois beaucoup plus communs près du rivage. Quelques personnes disaient que les très grands bénitiers ne se trouvaient plus, d'autres qu'ils étaient rares. A Tao, certains de nos interlocuteurs avaient entendu parler de bénitiers qu'on pouvait trouver à une profondeur supérieure à un mètre, sans doute *Tridacna gigas*. Les personnes sondées à Diahoue constataient un déclin abrupt de l'abondance de coquillages le long du rivage depuis les années 1960 ce qui obligeait les gens à aller les chercher entre les deux récifs.

Requins

Quelques tribus rapportaient un fait alarmant : des personnes vivant plus au nord avaient entrepris une activité commerciale d'exploitation d'ailerons de requin et travaillaient entre les récifs intérieurs et extérieurs de la zone deux à trois fois par semaine ces deux dernières années. Les ailerons de requins étaient exportés vers des pays d'Asie. Des personnes interrogées au sein de tribus du nord avaient trouvé des carcasses de requins auxquels il manquait les ailerons ; la majorité était fermement opposée à cette pratique, affirmant que les carcasses étaient rejetés à la mer et attiraient d'autres requins, ce qui mettait les plongeurs et les pêcheurs en danger. La plupart des tribus ne pêchent pas délibérément les requins, mais ceux-ci sont parfois mangés lorsqu'ils sont accidentellement capturés dans les filets ou par un hameçon. Dans les tribus de Wan Puec et St. Paul, des petits requins sont parfois pêchés pour être mangés, avec une lance ou à la ligne. Le requin gris de récif à pointe blanche, *Trianenodon obesus*, est parfois pêché à Koulnoue (Tableau 3)

Napoléons

Le Napoléon (*Cheilinus undulatus*) était traditionnellement capturé à l'aide de filets spéciaux pour des cérémonies ; aujourd'hui, il est parfois pêché pour la vente compte tenu de son prix élevé. A Colnett où l'espèce est rarement capturée, les personnes interrogées disaient que le Napoléon était plus commun dans la partie nord de la zone d'étude où il pouvait être vu à partir du rivage plus au nord.

Tortues de mer

Les tribus sont autorisées à chasser des tortues de mer pour les cérémonies. Les tortues sont cependant également chassées pour la nourriture. La majorité des personnes interrogées disaient voir régulièrement dans l'eau des tortues vertes, imbriquées et carettes ; pratiquement personne n'avait jamais vu de tortue luth. Selon les tribus, les trois espèces nichaient sur les îlots au large de Hienghène et sur des parties de la côte, ce qui est confirmé par Liardet (2003). La plupart des personnes interrogées affirmaient que les tortues nichaient de moins en moins le long de la côte. A Pweevo (Pouébo), la nidification sur la côte semble très rare, certainement à cause de la présence de mangroves sur une grande partie du littoral.

Quelques personnes mentionnaient en plus une tortue « rouge » et quelques-uns indiquaient une photo d'une tortue verte juvénile (qui est d'une couleur rougeâtre) dans Lagons et Récifs (Laboute et Richer de Forges, 2004). C'est l'identification la plus probable car la majeure partie de nos interlocuteurs n'avait jamais vu de tortues rouges en train de nicher. A Tao, les personnes disaient que la tortue verte et la tortue rouge étaient de la même espèce, la tortue rouge atteignant une longueur de 90 à 120 cm et la tortue verte pouvant atteindre 210 cm de longueur. Les personnes sondées à St. Paul et Colnett mentionnaient une carette plus grande, avec une plus grosse tête que celle présentée dans Lagons et Récifs (Laboute et Richer de Forges, 2004). Elles appelaient cette tortue "dabo" et les carettes avec des têtes plus petites "djilinda". Cette différence tient peut-être à l'âge de la tortue.

Baleines

Plusieurs personnes disaient que le nombre de baleines, appelées oudo par les Kanaks semblait avoir diminué. Elles mentionnaient qu'on ne les observait plus en grands groupes comme dans le passé. La plupart n'en connaissait cependant les raisons. Quelques personnes mentionnaient la chasse à la baleine par les Japonais et un habitant de Diahoue disait que les chasseurs de baleine japonais avaient été vus dans la région jusqu'aux années 1960 environ.

Dugongs

La plupart des personnes sondées affirmaient que les dugongs, ou mundep, étaient beaucoup plus rares aujourd'hui ; plusieurs tribus n'en voyaient qu'un ou deux par an. Plusieurs personnes disaient connaître et respecter la loi qui autorisait la chasse au dugong pendant les cérémonies, à condition de demander une autorisation préalable à la police locale (en fait, l'autorisation doit être obtenue auprès du gouvernement de la Province Nord). Cependant, quelques personnes disaient que s'ils voyaient un dugong, ils le chasseraient. Des habitants de Koulnoué affirmaient que quelques tribus du nord vendaient parfois de la viande de dugong à des restaurants de Nouméa à un prix élevé : une tribu du nord rapportait que quelques personnes vendaient de la viande de dugong, mais n'ont pas précisé si ces personnes venaient de leur tribu. Le dugong n'était apparemment pas du tout chassé à Panié.

Plusieurs raisons étaient invoquées pour le déclin perçu de l'abondance de la plupart des espèces collectées. Ces raisons comprenaient : 1) l'augmentation de la population globale et du nombre de pêcheurs; 2) l'amélioration de l'efficacité et une plus grande disponibilité de l'équipement de pêche ; 3) la surexploitation des espèces à des fins commerciales; 4) l'absence ou la perte du savoir traditionnel (en ne laissant pas suffisamment de temps de récupération aux ressources naturelles par exemple) et 5) la "pollution". Les raisons expliquant le déclin des espèces sont liées entre elles. Grâce à la plus grande disponibilité et au faible prix de filets en nylon, beaucoup plus de gens ont la possibilité

Tableau 3 : Informations sur les espèces prélevées, compilées sur la base d'entretiens approfondis avec les personnes concernées sur le terrain. Le nom Kanak des espèces, les techniques spécifiques d'extraction ainsi que la perception par les tribus combinées de l'abondance de chaque espèce sont présentés avec des commentaires. L'information sur les espèces n'a pas été obtenue pour St Denis de Balade par manque de temps, il y avait un total de vingt tribus interviewées.

Encadré 1

Abréviations pour les techniques d'extraction

AN = filet en fibre d'aloès
B = arc et flèche
BN = filet fabriqué avec la fibre de bourao
C = feuilles de coco brûlées utilisées pour prélever les huîtres
CN = filet de coton
D = plongée (combiné en général avec SG ou H)
E = Epervier (un type de filet spécial avec une maille fine, utilisé pour attraper des petits poissons)
EP = Epuisette (Filet en forme de poche fixé à un manche)
H = collecte à la main
HN = harpon
LL = "ligne longue"
LN = Grand filet spécial pour la collecte de Huleyo (Napoléon),
M = machette
N = filet
NS = nasse – piège à crabes
PN = filet en fibres de palmier ou de cocotier (traditionnel)
PT = torche en feuilles de palme
R = canne à pêche et ligne
RA = ligne faite en fibre d'aloe vera
RB = canne avec une ligne faite avec la fibre de bourao
RC = canne et ligne en coton
RP = canne et ligne en fibre de coco
RT = racine (réduite en poudre et utilisée pour attirer la pieuvre hors de son trou – méthode traditionnelle),
RW = canne et ligne avec des poids (en particulier pour la collecte de poissons vivant en eaux profonde)
RV = canne avec une ligne fabriquée avec une plante grimpante forestière
S = Sardinier (un type de filet spécial avec une maille très fine, utilisé pour attraper des poissons de très petite taille comme les sardines)
SB = barre d'acier
SC = concombre de mer (coupé en morceaux et employé comme toxine pour attirer la pieuvre hors de son trou – méthode traditionnelle)
SG = fusils sous-marins / à harpon
SP = lance
T = torche
TN = filet traditionnel
VN = filet fabriqué avec des plantes grimpantes
W = structure en mur – technique traditionnelle employant des murs en fibres de palmes pour bloquer des sections d'un cours d'eau

Encadré 2

Perception de l'abondance

baisse en abondance
aucun changement de l'abondance
hausse en abondance
pas assez d'information : N/A

Espèces (nom Kanak)	Espèces (nom français)	Espèces (Nom scientifique)	Type	Technique(s) employée(s) pour la capture ou la collecte	Technique(s) traditionnelle(s) employée(s) pour la capture ou la collecte	Prix au kilo	Utilisation	Evolution	Commentaires
Bariva / thaben bach / poudoune / pwade	Canoriro	*Harengula humeralis, Opisthonema oglinum*	Poisson	N, E	B, SP, RC, PN	N/A	Nourriture	baisse en abondance	Plus rare, peut-être à cause de la modification de l'écoulement de la rivière à la suite de la construction de la route et du pont.
Batch / Baïtch	Loche	*Epinephelus malabaricus*	Poisson	R, SG	N/A	N/A	Nourriture et vente	N/A	Même nom local pour la sardine. Rare.
Batch / baïtch / ba	Sardine	*Spratelloides gracilis, S. delicatulus*	Poisson	N, S, E, EP	PN, TN, CN, WS, AN	200 - 1000 CFP/kg	Nourriture et vente.	baisse en abondance	Même nom local pour la loche.
Batch Yhanpiinthik / poue	Grisette	*Epinephelus merra*	Poisson	R, SG, E, N	AN, CN, SP, PN, WS, RB	200 - 700 CFP/kg	Nourriture et vente.	baisse en abondance	N/A
Benin / nana / mian / miaxan	Bossu d'herbe	*Lethrinus harak*	Poisson	N, R, E, SP, SG	SP, B, RC, TN, CN, RA, RB	300 - 500 CFP/kg	Nourriture et vente	baisse en abondance	Etait collecté lorsqu'il était abondant.
Benin le poa / dirou / nanha	Bec de canne, du large	*Lethrinus miniatus*	Poisson	R, N, SP	RC, RA, SP, B, VN, RB	300 - 500 CFP/kg	Nourriture et vente, ou vente du surplus.	baisse en abondance	Collecte non délibérée pour certaines tribus. Sinon, collecte toute l'année mais pêché davantage en bancs.
Binuk / yanir / boign	Mulet	*Liza vaigiensis*	Poisson	N, E, SP	SP, B, PN, TN, CN, W, AN, RC	300 - 400 CFP/kg	Nourriture et vente ou vente du surplus.	baisse en abondance	Souvent trouvé après une période de mauvais temps.
Bwala hualuup / perite	Raie manta	*Manta birostris*	Raie	SP, SG, HN	SP	N/A	Nourriture	N/A	Ne se trouve plus.
Ciigen-balen / nit / tchilloune / yaolen	Seiche	*Sepioteuthis lessoniana*	Mollusque	E, B, SP, R, FG	B, SP, RC, PN	200 CFP pièce	Nourriture et vente rarement.	baisse en abondance	La plupart des tribus ne le capturent plus.

Espèces (nom Kanak)	Espèces (nom français)	Espèces (Nom scientifique)	Type	Technique(s) employée(s) pour la capture ou la collecte	Technique(s) traditionnelle(s) employée(s) pour la capture ou la collecte	Prix au kilo	Utilisation	Evolution	Commentaires
Daip / derenetch / derene / nowali / nowalic	Aiguillette	*Tylosurus crocodilius*	Poisson	R, B, SP, N, LL	SP, RC, AN, B, RB	Diahoue = 200 CFP pièce	Nourriture et vente.	baisse en abondance	Coupe les filets ; la plupart des tribus disent ne pas employer de filets, mais certaines tribus le font.
Dava / dja / djava	Dawa	*Naso unicornis*	Poisson	N, SG, E	SP, PN, B, TN, CN, AN, RP, RB	200 - 600 CFP/kg	Nourriture et vente ou vente du surplus, cérémonies.	baisse en abondance	Vendu fumé.
Dawa kawii batch / aoui batch / tchalo / madjen batch / pagete	Carangue bleue	*Différentes espèces de Carangidae*	Poisson	N, R, E, SG	B, CN, TN, SP, AN, PN	200 - 500 CFP/kg	Nourriture et vente ou vente du surplus.	baisse en abondance	"Poisson mangeant les sardines ", trouvé à la saison des sardines.
De don pok / de do yek / dodozeïtch / de do yer / moug / mwàon	Picot gris	*Monodactylus argenteus*	Poisson	E, N, SP	SP, B, TN, W, RC	400-500 CFP/kg	Nourriture et vente du surplus.	baisse en abondance	Poisson de rivière qui va dans le lagon tous les jours puis revient dans la rivière.
Deedi / kovan / kovat	Perroquet bleu	*Scarus microrhinos*	Poisson	N, E, SP, SG	SP, CN, AN, B, PN, RP	300 -800 CFP/kg	Nourriture et vente ou vente du surplus	baisse en abondance	N/A
Diem / degam	Huître	*Saccostrea cucullata, S. tuberculata*	Mollusque	H, M, SB	H, C	1000 par sac	Nourriture et vente très rarement.	baisse en abondance	Un type d'huître qu'on ne trouvait pas autrefois qui semble augmenter en nombre est rarement collecté ; Certaines tribus coupent les racines, d'autres décollent les huîtres.
Duôyn / dumeon / djuméonte / djumonc	Rouget de palétuvier	*Lutjanus argentimaculatus*	Poisson	R, SG, SP, N	SP, RA, RC, CN, B	N/A	Nourriture	baisse en abondance	Fluctue en fonction de la fermeture du lagon.
Halek / halan / mohoun / monoun / halar	Picot rayé - picot gris	Siganus lineatus	Poisson	N, E, SG, R, SP	CN, SP, B, TN, PN	100-600 CFP/kg	Nourriture et vente.	baisse en abondance	Un des poissons de rivière pêchés lors du parcours du nord au sud le long de la côte.
Huba / didi / Thaot Malaou / humba / kovat	Perroquet à tête claire, perroquet jaune	*Hipposcarus longiceps, Chlorourus sordidus*	Poisson	E, SP, SG, N	SP, B, WS, AN, PN, CN	300 - 500 CFP/kg	Nourriture et vente.	baisse en abondance	N/A

Espèces (nom Kanak)	Espèces (nom français)	Espèces (Nom scientifique)	Type	Technique(s) employée(s) pour la capture ou la collecte	Technique(s) traditionnelle(s) employée(s) pour la capture ou la collecte	Prix au kilo	Utilisation	Evolution	Commentaires
Huleyo / hô / nanbi / nêbi	Napoléon	*Cheilinus undulatus*	Poisson	LN, FG, R, SP	B, SP, RC, PN	600 - 1000 CFP/kg, 300-600 CFP/filet	Nourriture et vente, autrefois pour la 'coutume'.	baisse en abondance	Les filets pour la capture sont mis en place, mais les gens s'éloignent ensuite car ce poisson est très agressif.
Hyejegn / hegu / yegn	Baleinier	*Sillago ciliata*	Poisson	E, R, N, SP	SP, R, B, TN, RA, AN, RP, PN, RB	300 CFP/kg	Nourriture et vente.	baisse en abondance	N/A
Kayhagutch / tchian / yan	Bec de canne	*Lethrinus nebulosus*	Poisson	R, E, N, SP	SP, RP, RA, RC, VN, RB	300 - 500 CFP/kg	Nourriture et vente ou vente du surplus.	hausse en abondance	N/A
Kilo	Bêche-de-mer	*Holothuria nobilis*	Concombre de mer	HP	HP	350/kg	Vente seulement.	N/A	Plusieurs tribus redoutent que l'eau de nettoyage des concombres de mer et les résidus puissent tuer des poissons s'ils sont rejetés à la mer.
Koiin / ozhine / ojim / oxime / ohim	Prête	*Atherinomorus lacunosus*	Poisson	N, S, E	PN, EP, CN, WS, AN	500 CFP/kg	Nourriture, vente parfois, cérémonies	Baisse en abondance	Structure en mur parfois utilisé pour ce poisson (avec des paniers)
Kua / nangit	Ui-uà	*Kyphosus cinerascens*	Poisson	N, SP, SG, R	CN, B, AN, SP	300-500 CFP/kg	Nourriture et vente.	Baisse en abondance	N/A
Kula	Langouste	*Panulirus versicolor, P. ornatus, P. longipes bispinosus, P. penicillatus,* et *Arctides regalis*	Crustacé	SG, SP, HT	H, SP	800 - 2500 CFP/kg	Nourriture et vente.	N/A	"Kulla" signifie langouste, plusieurs personnes interrogées ne pouvaient distinguer les différentes espèces ou utilisaient le même nom pour toutes les espèces.
Kula / Kuguyoon / ola	Langouste	*Panulirus versicolor*	Crustacé	SG	H	1800 - 2000 CFP/kg	Nourriture et vente.	N/A	N/A
Kula / ouan / kula wawen / vaaswen / kula boutch / ola	Langouste porcelaine	*Panulirus ornatus*	Crustacé	H, SG, SP	H, SP	2000 CFP/kg	Nourriture et vente.	N/A	N/A
Kula le hop / kula le op / ola	Langouste, grosse tête	*Panulirus penicillatus*	Crustacé	H, SG	H	2000 CFP/kg	Nourriture et vente.	N/A	Commune.

Espèces (nom Kanak)	Espèces (nom français)	Espèces (Nom scientifique)	Type	Technique(s) employée(s) pour la capture ou la collecte	Technique(s) traditionnelle(s) employée(s) pour la capture ou la collecte	Prix au kilo	Utilisation	Evolution	Commentaires
Kula nemon / pavate / pawaït / pava / hivelek / pavane	Popinée, cigale	*Parribacus antarcticus* et *P. caledonicus*	Crustacé	H	H	2500 CFP/kg	N/A	N/A	Non collectée car c'est le gardien des nids.
Letch	Requin	*Triaenodon obesus*	Requin	R, N	N/A	N/A	Nourriture	N/A	Capturé parfois à Koulnoue.
Lopaik / nuk vayk / poralitch / nuk payk	Poisson caillou, poisson coffre	*Ostracion cubicus, O. meleagris* et autres	Poisson	SG, SP, N	SP	N/A	Nourriture	Baisse en abondance	Se trouve dans les mangroves. Toxique mais cuit et la queue est retirée.
Mamigne / menigne / memitch	Balao	*Hemiramphus far*	Poisson	N, R, E, SP	SP, B, CN, RA	200 - 350 CFP/kg	Nourriture et vente.	Baisse en abondance	Se trouve en bancs lors de la première phase lunaire (nouvelle lune au premier quartier), moins fréquent aux autres périodes du mois.
Marvi / pwage / maïda / marli / wage	Crabe de mer	*Carpilius convexus* et *Carpilius maculatus*	Crustacé	H, SP, T	SP, PT, H	500 - 700 CFP/kg	Nourriture et rarement vente ou vente de surplus.	Baisse en abondance	Non capturé car le goût n'est pas agréable ou capturé la nuit avec une lanterne.
Meeva / meia / meeva	Loche saumonée	*Plectropomus leopardus*	Poisson	R, FG	RC, SP, RB	300-800 CFP/kg	Nourriture et vente.	Baisse en abondance	Lorsqu'il est de couleur rouge, il est difficile à distinguer de *variola louti*.
Meia	Loche saumonée	*Variola louti*	Poisson	R, SP, SG	SP, RP	N/A	Nourriture	NA	Difficile à distinguer de *plectropomus leopard*.
Melek / kaïn	Sauteur	*Strombus luhuanus*	Mollusque	H, D+H,	H, D+H,	500CFP/kg	Nourriture (vente rarement).	Baisse en abondance	N'a pas été trouvé à Linderalique depuis 1980.
Mwale / thole	Picot kanak	*Siganus argenteus*	Poisson	SG, N,	N/A	N/A	N/A	N/A	Change de couleur de la nuit au jour
Ngahun / moug / modeïtch / thole	Picot (pas rayé)	*Siganus fuscescens*	Poisson	N, R, E	SP, CN, PN, B, TN, W, AN, RC	100-600 CFP/kg	Nourriture et vente.	Baisse en abondance	Se rencontre toujours en couples.
Ngome / ngope / tignen	Castex	*Plectorhinchus flavomaculatus*	Poisson	R, SG	SP, RC, RP	300 - 400 CFP/kg	Nourriture et vente.	Baisse en abondance	N/A
Nianik / yagak	Araignée	*Strombus sinuatus* et *Strombus latisimus*	Crustacé	H, D+H,	H, D+H	600CFP/kg pour la viande et de 100-400CFP par coquille	Nourriture et vente du surplus.	Baisse en abondance	Si le male est enfoui dans le sable et regarde en direction du rivage (l'ouverture de la coquille fait face au rivage), la femelle n'est pas loin.

Espèces (nom Kanak)	Espèces (nom français)	Espèces (Nom scientifique)	Type	Technique(s) employée(s) pour la capture ou la collecte	Technique(s) traditionnelle(s) employée(s) pour la capture ou la collecte	Prix au kilo	Utilisation	Evolution	Commentaires
Nogen / nongen	Nérite	*Nerita*	Mollusque	H, H+T	H, H+C	500/kg	Nourriture (vente rarement)	Baisse en abondance	Collectée la nuit à la torche.
Nyao / nyaon / nyan / mawa/ aygn	Maquereau	*Rastrelliger kanagurta*	Poisson	N, E	PN, WS, CN, SP, TN	300 - 600 CFP/kg ou 400 CFP par poisson	Nourriture et vente.	Baisse en abondance	Fluctue.
Pe / Dereindo	Raie, raie pastenague, raie	Différentes espèces	Raie	SP, SG, HN	SP, B	N/A	Nourriture.	aucun changement de l'abondance	"Pe" signifie tout simplement raie. Les raies ne sont pas chassées par un bon nombre de tribus.
Pedalep	Raie	*Taeniura lymnas*	Raie	SP, SG, HN	SP	N/A	Nourriture	N/A	N/A
Peebe / Peembe / baaba	Picot papillon	*Scatophagus argus*	Poisson	N, E, SG, SP	PN, B, TN, CN, SP	300-500 CFP/kg	Nourriture et vente.	Baisse en abondance	Un des poissons de l'estuaire qui vient dans le lagon et retourne à la rivière en nageant vers le sud le long de la côte-c'est à ce moment qu'il est pêché.
Peguc / pedili / pe	Raie javanaise	*Dasyatis kuhlii*	Raie	SP, SG, HN	SP, B	N/A	Nourriture	Baisse en abondance	Très rare. Parce qu'il pique, il est tué lorsqu'il est trouvé mais n'est pas consommé.
Pelekon / don pok / penang	Sole	*B. pantherhines* et *Pardachirus pavoninus*	Poisson	H, SP, R	SP, RA	N/A	Nourriture	Baisse en abondance	De nombreuses tribus ne pêchent pas cette espèce, en partie parce qu'elle est rarement trouvée.
Pexeng / peri / pewen / pe / pegutch	Raie léopard	*Aetobatus narinari*	Raie	SP, SG, HN	SP, HN	N/A	Nourriture	N/A	Dangereuse donc pas chassée. Rarement observée.
Puen chaak	Pouatte	*Lutjanus sebae*	Poisson	R, RW, LL, SG	RC, RA, RP, SP	300- 1200 CFP/kg	Nourriture et vente.	Baisse en abondance	N'est pas délibérément pêché.
Pwage / pwangue / dgim / djem	Crabe de palétuvier	*Scylla serrata*	Crustacé	H, SP, NS	H, SP	500 - 1000 CFP/kg	Nourriture et vente rarement.	Baisse en abondance	Vendu lorsque c'est autorisé, mais capturé pour l'alimentation toute l'année.
Pwarang / boavat / pwaran / marene/ pwaat	Loche bleue	*Epinephelus cyanopodus*	Poisson	R, SP, FG	RA, RC, RP, RB, SP	300 - 400 CFP/kg	Nourriture et vente.	Baisse en abondance	N/A

Espèces (nom Kanak)	Espèces (nom français)	Espèces (Nom scientifique)	Type	Technique(s) employée(s) pour la capture ou la collecte	Technique(s) traditionnelle(s) employée(s) pour la capture ou la collecte	Prix au kilo	Utilisation	Evolution	Commentaires
Pwoak	Grisette	*Gafrarium tumidum*	Mollusque	N/A	N/A	N/A	N/A	N/A	On creuse le sable avec le pied pour le chercher.
Ta-an / tha-ang thaak / kary	Jaunet	*Lutjanus* spp.	Poisson	R, N, SG	RC, RA, SP, RP, RB	300 - 600 CFP/kg	Nourriture et vente.	N/A	Fermer un lac augmente les stocks de ce poisson ; fait référence à plusieurs poissons.
Taxela or Tarela	Crocro	*Leiognathus equulus*	Poisson	N, E	CN, PN, W, B, SP, RC	N/A	Nourriture et vente du surplus.	Baisse en abondance	Très rare, un des poissons de l'estuaire qui vient dans le lagon et retourne à la rivière en nageant vers le sud le long de la côte. Il est pêché à ce moment là.
Tchabo / tchambo	Bigorneaux	*Turbo setosus*	Mollusque	H, D+H,	H, D+H	250CFP/Kg	Nourriture le surplus est vendu à Colnett.	Baisse en abondance	Quelque chose dans la mer les tue. De nombreux américains les ont achetés pendant la seconde Guerre Mondiale.
Tchik / Thik/ woat / won / poyap / pouap / goudo	Troca	*Tectus* sp.	Mollusque	H, H+D	H, H+D	400-500 CFP/kg	Nourriture et vente du surplus.	Baisse en abondance	N/A
Tchingen / Ciigen / thiya / iya	Poulpe	N/A	Pieuvre	H, SP	H, RT, SP, SC, B	200-800 CFP/kg	Nourriture et vente ou vente du surplus.	Baisse en abondance	N/A
Tchinjigo / yabi / tchin-jen/ menen	Mulet	*Crenimugil crenilabris*	Poisson	N, E, SP	PN, CN, SP, TN, AN, B	300 - 400 CFP/kg	Nourriture et vente ou vente du surplus.	Baisse en abondance	Le terme "Yabi" désigne une Tchinjigo pleine.
Tha-ang le paik / Tha-ang o paik / tha / tang / tha-an / poudgi	Dorade	*Lutjanus fulvus*	Poisson	R, N, SG, SP, E	RC, RA, RN, PN, SP	350- 500 CFP/kg	Nourriture et vente ou vente du surplus.	Baisse en abondance	Fluctue en fonction de la fermeture du lagon.
Tha-ut / The-ut / tha-ul / tahor / kodenetch	Mulet à grosses écailles	*Chelon macrolepis*	Poisson	N, E, SP	SP, PN, B, TN, W, AN, RC	100-400 CFP/kg	Nourriture et vente du surplus.	Baisse en abondance	Toujours en couple, male et femelle; kodenetch désigne les plus grands individus.

Espèces (nom Kanak)	Espèces (nom français)	Espèces (Nom scientifique)	Type	Technique(s) employée(s) pour la capture ou la collecte	Technique(s) traditionnelle(s) employée(s) pour la capture ou la collecte	Prix au kilo	Utilisation	Evolution	Commentaires
Thiik / waat / titch / kênk	Troca	*Trochus niloticus*	Mollusque	D+H	D+H	500-900CFP/kg pour la chair, 200-300CFP/kg pour les coquillages	Nourriture et vente des coquilles et de la chair.	Baisse en abondance	La chair est vendue aux restaurants et aux gîtes.
Thiyaap / thihaat / narotch / bwuene / naot	Petit mulet	*Valemugil seheli*	Poisson	N, E, SP, SG, R	PN, SP, B, TN, CN, WS, RC	200-400 CFP/kg	Nourriture et vente.	Baisse en abondance	Rentre dans l'océan après les cyclones et le mauvais temps, nage vers le sud le long de la côte avant de revenir dans la rivière. Il est pêché à ce moment là.
Thoyeat / doon coutch / dere coutch / doon coun / do em / dao-unuep	Poisson sabre	*Trichiurus lepterus*	Poisson	N, E, R	SP, B, RC	Nourriture.	N/A	Baisse en abondance	Peu commun, poisson de rivière.
Tibia / tebia / dila	Nérite	*Nerita*	Mollusque	H, H+T	N/A	N/A	Nourriture	Baisse en abondance	S'appelle également Nogen ou nongen. Voir ci-dessus.
Tilou / Thilu	Blanc blanc	*Gerrus acinaces* or *G. oyena*	Poisson	E, R, N, SP	RC, CN, W, SP	300-400 CFP/kg	Nourriture et vente du surplus.	hausse en abondance	N/A
Yhoaak le poa / moadätch / moindat / moadak / galaon / galaot	Loche castex, gaterin	*Plectorhinchus lineatus*	Poisson	SG, R, N	SP, RB	300 CFP/kg	Nourriture et vente rarement.	Baisse en abondance	Se trouve en plus grande profondeur ; n'a pas été vu à Ouare ces 3 dernières années.
N/A	Thon	*Thunnus albacares, Gymnosarda unicolor*	Poisson	LL	N/A	700 CFP/kg	Nourriture et vente.	Baisse en abondance	Pas de nom kanak car il a été pêché pour la première fois en 1989; la plupart des tribus ne le pêchent pas par manque d'équipement

de pêcher et le font. Les filets traditionnels étaient fabriqués avec des matières comme la fibre de coco ou le coton et leur fabrication était très longue et compliquée. Seules quelques personnes dans chaque tribu avaient la capacité de le faire ce qui réduisait le nombre de pêcheurs. Avec l'augmentation du nombre de pêcheurs, de nombreuses personnes qui pêchent aujourd'hui n'ont pas le savoir de leurs ancêtres sur les pratiques traditionnelles de pêche, comme comment choisir les espèces à collecter, comment éviter de pêcher certaines espèces pendant les périodes de ponte, etc. Nos interlocuteurs disaient que les histoires sur les espèces marines, l'océan ou les estuaires étaient largement tombées dans l'oubli. Cependant, dans quelques tribus, ces histoires sont précieusement préservées, ne sont pas communiquées à des étrangers et sont transmises comme un savoir spécifique du clan. Enfin, quelques personnes notaient la « pollution » comme une cause du déclin de l'abondance, en mentionnant expressément la terre et les sols. Un habitant de Koulnoué disait que les sédiments et les débris stagnaient dans le lagon et nuisaient aux récifs, avec moins de nourriture pour les poissons et par conséquent moins de poissons pour les hommes. Il s'agit plutôt ici de sédimentation et de débris plutôt que de pollution chimique ou d'eaux usées. La pollution liée au dépôt d'ordures était spécialement évoquée comme une source d'inquiétude (voir ci-dessous).

PRÉOCCUPATIONS DES TRIBUS

Outre le débat sur les causes du déclin des espèces cibles de la zone, d'autres préoccupations étaient évoquées par les tribus en ce qui concerne l'environnement, la santé, l'éducation et l'emploi. Ces points, qui sont liés entre eux, sont présentés ici. Les préoccupations environnementales incluaient l'état ou la santé des récifs coralliens et des mangroves, l'érosion côtière, les feux et l'eau.

Récifs coralliens

Les opinions sur la santé des récifs coralliens étaient variables. En général, davantage de personnes vivant au sud et au nord de la zone d'étude considéraient que les récifs étaient en bonne santé par rapport aux habitants de la partie centrale du littoral. Les tribus du sud et du nord assuraient que les récifs protégeaient le littoral de l'effet des vagues et que l'activité de pêche dans ces zones était minimale, ce qui préservait les récifs. Ils disaient que les récifs semblaient même se développer dans certaines parties car les voies de navigation traditionnelles entre les récifs semblaient plus étroites. Une étoile de mer prédatrice du corail était évoquée, probablement l'étoile de mer couronne d'épines (*Acanthaster planci*).

Les habitants du centre de la région d'étude s'inquiétaient de l'impact des travaux routiers et de la sédimentation créée sur les récifs. Selon ces communautés, les récifs semblaient moins saines, avec davantage de corail mort et de sédimentation et une diminution des stocks de poissons. Un habitant disait que certes, les activités occasionnant la sédimentation (construction de routes et carrières) posaient problème, mais que les gens avaient besoin de travail et qu'il n'y avait que peu d'alternatives. D'autres personnes sondées du centre mentionnaient la grande quantité de corail mort. Les causes probables invoquées sont les cyclones, la collecte de coquillages, la pollution à terre et la sédimentation occasionnée par les feux. Un habitant de St. Paul disait « il n'y a rien pour fixer les rochers et le sol. Les produits achetés par les gens dans les commerces vont dans le sol et ensuite dans les cours d'eau et la mer. Tout ceci pourrait tuer le corail. ».

Les Palétuviers

Toutes les personnes interrogées dans les tribus s'accordaient sur l'importance des mangroves, bien que ces dernières subissent souvent les effets des activités des tribus. Une décharge communale sert le village de Pweevo (Pouébo) et se situe dans les mangroves depuis plus de 25 ans. Les habitants nous signalaient que les ordures polluaient l'eau, tuaient les mangroves et aussi quelques animaux. Aucun nouveau palétuvier ne pousse dans la zone, à l'exception d'une espèce « blanche » (*Avicennia marina*), nouvelle pour la zone. Un membre de la tribu pensait que cette espèce n'attirait pas autant de poissons et de crabes par rapport à l'ancienne espèce *Lumnitzera racemosa* (P. Laboute, 2004, comm. pers.). Un autre notait que ce remplacement intervenait lorsque les vieux palétuviers étaient emportés par les très grandes marées ou pendant les tempêtes.

Les palétuviers sont également coupés pour le bois. Dans certaines tribus comme Koulnoué, St. Louis et St. Gabriel de Balade, le bois des palétuviers sert à fabriquer les piliers des maisons traditionnelles. A St. Louis, le bois est également séché et utilisé dans le four traditionnel et les racines d'une espèce servent à fabriquer des arcs. Lors de la collecte d'huîtres, les racines de palétuviers sont parfois coupées ce qui pose une autre menace aux mangroves. Quelques tribus comme Tchamboene et Ste. Marie de Balade mentionnaient cette pratique.

Erosion côtière

Les tribus se trouvant au sud de la zone d'étude signalaient que l'érosion côtière était une préoccupation majeure, tandis que les tribus du nord la mentionnaient rarement, ce qui s'explique certainement par la présence de mangroves tout le long du littoral nord. Les communautés du sud affirmaient avoir perdu de 2 à 12 mètres de côte sur les deux dernières décennies et disaient que des arbres se trouvant auparavant sur la plage étaient dans l'eau.

A Oueieme, une espèce d'arbre appelée faux tamanu (*Calophyllum inophyllum* ou "piit" dans la langue kanak locale) qui poussait autrefois près de la plage, a maintenant totalement disparu. Quelques arbres, âgés d'au moins 400 ans selon les personnes interrogées, subsistent cependant le long de la côte plus au nord à Colnett. Un habitant de Oueieme disait « les anciens ont planté des arbres le long du rivage pour stopper l'érosion, mais ma génération a brûlé les arbres pour défricher la terre. Ce n'était peut-être pas une chose à faire. Les résidents invoquaient plusieurs causes de l'érosion côtière, comme la collecte de sable pour la construction routière, le prélèvement de corail mort pour les routes et une jetée construite par le Club Med qui empêchait le sable de se déposer plus au nord.

Feux

La majorité des tribus citait les feux comme l'un des principaux problèmes environnementaux. Selon eux, les feux étaient liés à la réduction du niveau de l'eau dans les ruisseaux, à l'augmentation de la sédimentation sur les récifs et à l'érosion côtière. On voit fréquemment des feux et des endroits venant d'être brûlés. Des grandes zones ont été brûlées pour l'agriculture et échappent parfois à tout contrôle. D'autres feux sont allumés par des chasseurs pour défricher le sous-bois ou pour attirer des cerfs (introduits) vers l'herbe qui pousse dans les zones venant d'être brûlés. D'autres utilisent le feu pour empêcher l'invasion de fourmis électriques.

Même s'il était admis que les feux représentaient un grand problème, les solutions potentielles ne sont pas évidentes. Les sanctions contre l'allumage des feux ne sont pas efficaces car les gens rechignent à dénoncer d'autres membres de leur tribu. Une meilleure sensibilisation ne semble pas non plus être une mesure efficace : les gens sont en majorité sensibilisés au problème ; des messages de prévention des feux et des dessins d'enfants sont affichés partout : dans les bâtiments communaux, les stations de bus, à la mairie de Pweevo (Pouébo). Quelques résidents s'activent à combattre l'allumage des feux et militent contre les feux au sein de leurs communautés. A Pweevo (Pouébo), la province et l'administration du village proposent de l'information et de l'assistance pour contenir les feux lorsque des champs sont brûlés pour la plantation d'ignames. Les habitants doivent cependant être disposés à accepter cette assistance.

L'eau

La réduction constatée de la disponibilité en eau douce est liée au problème des feux. Selon la majorité des tribus, il y a moins d'eau aujourd'hui dans les rivières et dans les ruisseaux. Une rivière a entièrement disparu à Pindache et deux ruisseaux sont secs à Linderalique. A Ste. Marie de Pweevo (Pouébo), une rivière où les habitants se baignait jusqu'à il y a 20 ans n'existe plus.

Quelques tribus mentionnaient également la dégradation, largement à cause des feux, de la qualité de l'eau, en disant spécifiquement qu'elle était plus trouble et moins bonne au goût. Un habitant de St. Louis notait que le goût de l'eau avait changé, et que l'eau était moins sûre pour la consommation : les gens avaient mal au ventre lorsqu'ils buvaient directement l'eau des ruisseaux et des rivières. Il pensait que le changement était dû à la construction de petits barrages qui favorisaient l'accumulation de feuilles et d'autres détritus (alors que l'eau s'écoulait librement autrefois).

Santé, éducation et emploi

Outre la mauvaise qualité de l'eau, la nourriture réfrigérée et industrielle était également citée comme l'une des causes d'un état sanitaire dégradé. Quelques personnes craignaient que ce type de nourriture ne provoque plus de maladies, la nourriture industrielle étant moins saine. La drogue et l'alcool représentaient d'autres menaces pour la santé. En ce qui concerne l'éducation, quelques personnes craignaient que l'éducation offerte ne soit pas adaptée au contexte kanak, vu que peu de Kanaks poursuivaient leurs études pour avoir des diplômes, avoir leur propre affaire ou un poste à grande responsabilité. Les Kanaks dépendent de la terre et de la mer. Les opportunités de travail constituaient une inquiétude majeure. Les personnes sondées à Pindache, Koulnoué et Linderalique étaient en général en faveur du Club Med Koulnoué Village voisin car il pourvoyait des emplois et de l'argent permettant d'acheter des biens comme des voitures ou des maisons modernes.

SAVOIR, CROYANCES ET GESTION DES RESSOURCES MARINES DES TRIBUS

En complément des lois régissant l'utilisation des ressources marines de la Province Nord et du gouvernement territorial de la Nouvelle Calédonie, les tribus locales appliquent leurs propres pratiques de gestion et de conservation. Ces pratiques sont liées au savoir et aux croyances traditionnels. Les frontières tribales limitent la pêche ; de plus, certains sites sont considérés tabous, désignés comme réserves, ou périodiquement fermés. De telles mesures permettent de gérer et d'influencer les activités liées à la mer.

Sites tabous

Les endroits sacrés ou « tabous » sont généralement liés à des croyances se rapportant aux ancêtres et assurent un niveau de protection *de facto* à la biodiversité marine. Ces sites sont des estuaires, des récifs et d'autres éléments du milieu sous-marin et doivent faire l'objet du plus grand respect. A Linderalique et Oueieme, les requins ont une importance particulière comme étant les gardiens des sites tabous. Toutes les personnes de toutes les tribus reconnaissent et respectent les sites tabous locaux même lorsqu'ils ne sont sacrés que pour une seule tribu. Les règles pour les site tabous varient mais peuvent être des restrictions de pêche, une interdiction de collecte de coquillages ou un comportement respectueux (par exemple, ne pas parler fort ni jeter des objets dans l'eau) par les individus qui doivent faire un petit rituel lorsqu'ils se rendent à ces endroits. Manquer de respect aux sites tabous conduit généralement à des situations pouvant être fatales comme la rencontre avec des requins, des problèmes de bateaux et du mauvais temps. Dans certains cas, les touristes sont autorisés à venir dans ces endroits avec la permission de la tribu concernée et accompagnés par un guide issu de cette tribu. Une personne interrogée disait qu'il serait un peu dangereux d'avoir des grands groupes de touristes visitant ces sites.

Réserves et fermetures périodiques

En réponse au déclin observé des espèces, plusieurs tribus désignent certaines zones comme étant des réserves ou les ferment périodiquement. Quelques tribus interrogées décrivaient plusieurs de ces réserves ou fermetures. Quelques exemples sont présentés ici. La tribu de Yambe gère la réserve de Pe Wen en collaboration avec les tribus de Diahoue et de Tchambouenne. La pêche y avait été interdite pour trois ans. A la fin de cette période, la pêche a été autorisée uniquement pour les cérémonies. Le lagon de Koulnoué est périodiquement fermé à la pêche par le chef, pour plusieurs mois afin de permettre aux stocks de poisson de se renouveler. A Yambe et St. Ferdinand (et peut-être également dans d'autres tribus), la pêche aux sardines dans les ruisseaux est interdite car le frai y a lieu. A Panié, la pêche est interdite dans plusieurs ruisseaux et rivières, sauf pour les cérémonies. D'autres pratiques moins formelles de gestion des ressources existent également. Par exemple, certaines tribus disaient qu'elles ne collectaient pas des juvéniles tandis qu'une autre disait avoir arrêter de pêcher des sardines dans un lagon voisin après avoir constaté que les quantités diminuaient.

Quelques personnes ont mentionné qu'il y avait avant des lois tribales plus strictes règlementant l'utilisation des ressources. Cependant, ces lois ne sont plus trop d'actualité avec l'importance croissante de l'argent. Il ne semble pas aujourd'hui y avoir de sanction contre le non-respect d'une loi tribale. Selon des habitants de Yambe, le travail communautaire punissait autrefois les contrevenants.

GESTION MARINE EXISTANTE ET PROPOSEE : CONNAISSANCES ET ATTITUDES

Connaissances et respect des lois actuelles tribales et officielles

De manière intéressante, les connaissances des lois existantes, à la fois tribales et officielles, sont généralement incomplètes. Le respect de ces lois est variable et semble dépendre de la compréhension par l'individu, que ce soit pour une loi tribale ou gouvernementale, et du but de l'extraction (subsistance, cérémonies, commerce). Les personnes interrogées semblaient mieux disposées à suivre les lois tribales. Cependant, quelques personnes ignoraient à la fois les lois tribales et les lois officielles.

La connaissance inadéquate ou le respect variable des lois sont mises en évidence par quelques exemples comme la capture des crabes, de certains poissons (*Siganus* spp) et des tortues marines. La plupart des personnes interrogées connaissaient l'existence d'une loi interdisant la collecte de crabes de taille inférieure à une certaine norme, mais ne s'accordaient pas sur la taille minimale légale qui variait selon eux entre 13 et 15 centimètres. Presque tous nos interlocuteurs respectaient cette loi en ce qui concerne la collecte pour le commerce mais ne l'appliquaient pas pour la collecte de subsistance. A Ouaré, le picot (*Siganus* spp) est pêché toute l'année malgré une interdiction de pêche pendant la période de frai ; il n'est cependant pas vendu à cette saison. Les personnes sondées connaissaient les lois et leurs bienfaits mais pêchaient néanmoins. La chasse de tortues de mer par les Kanaks n'est autorisée que pour les cérémonies, mais les tortues sont quand même souvent chassées pour la consommation. Quelques personnes savaient que la chasse aux tortues marines était interdite sauf à des fins cérémoniales, mais d'autres l'ignoraient ou hésitaient sur les détails de la loi.

Deux raisons possibles du manque d'efficacité de la législation officielle semblent être l'unité de la tribu et le manque d'éducation et de sensibilisation sur l'environnement et les lois. Les membres d'une tribu sont très unis et ne vont certainement pas dénoncer à la police ou aux autres autorités publiques les personnes qui ne respectent pas les lois sur l'environnement. L'existence de sanctions n'est donc pas déterminante (ce qui explique peut-être pourquoi personne ne connaît les sanctions contre les contrevenants). Les personnes interrogées proposaient comme solution une meilleure éducation et sensibilisation sur les lois environnementales, sur les conséquences de leurs actions et sur l'environnement marin en général. Les programmes d'éducation environnementale avaient débuté dans les écoles en 2001, mais les habitants voudraient davantage et s'accordaient à dire que de tels programmes devraient associer le savoir traditionnel et les connaissances scientifiques.

Attitudes envers l'amplification proposée de la conservation et de la gestion marine

De nombreuses personnes étaient en faveur d'une augmentation des lois tribales et gouvernementales. D'autres avertissaient que de telles lois ne seraient pas utiles si les gens n'étaient pas disposés à les respecter. Plusieurs personnes pensaient qu'il devrait y avoir davantage de législation environnementale officielle. Les personnes sondées à Tao étaient particulièrement favorables à davantage de lois gouvernementales (et également tribales), surtout sur les feux et sur l'extraction de certaines espèces pendant les périodes de frai ou de nidification. Un habitant de St Gabriel de Pouébo disait que les lois institutionnelles seraient mieux respectées que les lois tribales que les gens avaient tendance à ignorer. Cependant, à Panié, les personnes interrogées pensaient qu'il faudrait d'abord instituer des règles tribales qui pourraient être ensuite officialisées comme lois gouvernementales. Plusieurs personnes reconnaissaient cependant qu'instituer davantage de lois ne mènerait à rien sans un respect nouveau ou renouvelé pour la nature.

Des personnes interrogées à Oueieme considéraient la conservation de la nature comme un élément de préservation de leur héritage. Il leur fallait protéger les ressources qui assuraient leur culture et leur mode de vie traditionnels pour pouvoir les préserver. Ces personnes disaient également avoir besoin d'aide pour y arriver car « il y a beaucoup de choses que nous ignorons sur la terre et la mer ». Elles disaient connaître les espèces qu'elles collectaient, comprendre les conséquences de leurs actions mais qu'il leur restait beaucoup à apprendre.

Quasiment toutes les personnes interrogées étaient en faveur de la proposition faite par le gouvernement de la Province Nord d'établir une aire protégée communautaire ou un réseau d'aires protégées communautaires. Tous percevaient cette proposition comme un bienfait pour les générations futures. Les personnes sondées à Panié souhaitaient restreindre la pêche sur les récifs se trouvant en face de leur village aux habitants de Panié, d' Oueieme et de Tao. Elles voulaient également encourager le tourisme dans la région. Un habitant de St. Paul voulait un bateau pour que les membres de sa tribu puissent patrouiller dans les eaux près du rivage et dénoncer des activités suspicieuses ou nuisibles à la police. La plupart des personnes interrogées étaient également enthousiasmés par l'idée d'une reconnaissance officielle des sites tabous et des réserves tribales, afin que leur statut soit mieux reconnu même par les personnes extérieures à la tribu.

Conséquences et attentes : tourisme et emplois

Les habitants s'attendaient à ce que la mise en place d'une ou de plusieurs des aires protégées et gérées marines qui sont proposées attire davantage l'attention sur la région et apporte par conséquent plus de tourisme et d'emploi. Ceci serait particulièrement le cas si un Site du patrimoine mondial était désigné. Outre les postes dans l'hôtellerie s'il y avait davantage d'hôtels, il faudrait embaucher des rangers et des guides touristiques pour le développement de l'aire protégée et gérée marine. Certains individus souhaitaient obtenir de tels emplois afin d'assurer le respect par les touristes des sites tabous et des coutumes appropriées. La plupart des personnes interrogées pensaient que le tourisme constituerait une bonne source de revenus supplémentaires pour les tribus. Les gens de Panié étaient particulièrement favorables à l'augmentation du tourisme dans la région en encourageant la plongée et d'autres activités. Un habitant de St. Gabriel de Pouébo disait que plus de tourisme signifierait le développement de l'économie locale avec davantage dé travail pour les artisans, les sculpteurs, les groupes de femmes et d'autres.

LIMITES DE L'ÉTUDE

En conclusion, il est important de mentionner les limites de l'étude. Les informations obtenues à travers des entretiens de groupes approfondis sont presque entièrement qualitatives et le format d'entretien ne permettait pas à chaque participant du groupe de répondre à chaque question. De plus, toute la tribu n'était pas présente lors des entretiens ; les informations se basent donc uniquement sur les réponses faites par les personnes interrogées. Nous nous sommes efforcés de rassembler et de résumer aussi précisément que possible les informations fournies par les personnes sondées dans chaque tribu. Il pourrait y avoir, de manière involontaire, quelques inexactitudes à cause d'une mauvaise communication ou compréhension du fait des barrières linguistiques et culturelles. Des corrections et des clarifications par les tribus sont les bienvenues et nous nous engageons à effectuer les rectifications nécessaires.

REFERENCES

Bensa, A. et Leblic, I. 2000. *En Pays Kanak: Ethnologie, Linguistique, Archéologie, Histoire de la Nouvelle-Calédonie.* Paris, France: Editions de la Maison des Sciences de l'Homme.

Bunce, L., Townsley, P., Pomeroy, R. et Pollnac, R. 2000. *Socioeconomic Manual for Coral Reef Management*, Australian Institute of Marine Science, Townsville, Australia.

Conservation International, Maruia Society, Province Nord Government. 1998. *Conserving Biodiversity in Province Nord, New Caledonia.* Volume 1.

Fowler, F.J. 1995. Improving Survey Questions: Design and Evaluation. Thousand Oaks, CA: Sage Publications, Inc.

Laboute, P. et Granperrin, R. 2000. Poissons de Nouvelle-Calédonie. IRD. Edition Catherine Ledru, Nouméa, Nouvelle-Calédonie.

Laboute, P. et Richer de Forges, B. 2004. Lagon et Récifs. IRD. Edition Catherine Ledru, Nouméa, Nouvelle-Calédonie.

Liardet, V. 2003. *Rapport Final de l'Etude Tortues Marines.* Nouméa, New Caledonia: Association pour la Sauvegarde de la Nature Néo-Calédonienne (ASNNC). Unpublished Report.

Lieske, E. et Myers, R.F. 1995 Guide des Poissons des Récifs corallines. Régions Caraïbe, océan indien, océan Pacifique, mer Rouge. Delachaux et Niestlé, Lausanne Switzerland.

Maruia et Conservation International 1998. *Conserving biodiversity in Province Nord.* Washington, DC. Maruia Society and Conservation International.

Annexe 1

Espèces de la Nouvelle Calédonie présentes en 2006 sur la Liste rouge de l'UICN

L'état des menaces est classifié selon une des catégories suivantes : vulnérable, en danger, en danger critique d'extinction, quasi-menacée, de préoccupation mineure/quasi-menacée, et à données insuffisantes avec les espèces correspondantes et le nom commun (IUCN 2006. *2006 IUCN Red List of Threatened Species.* <www.iucnredlist.org>.)

EN DANGER CRITIQUE D'EXTINCTION

Espèces	Nom commun
Thalassarche eremita	CHATHAM ALBATROSS

EN DANGER

Espèces	Nom commun
Botaurus poiciloptilus	AUSTRALASIAN BITTERN
Caretta caretta	LOGGERHEAD (CAOUANNE)
Cheilinus undulatus	NAPOLEON WRASSE
Chelonia mydas	GREEN TURTLE (TORTUE VERTE)
Carcharodon carcharias	GREAT WHITE SHARK

VULNERABLE

Espèces	Nom commun
Aulohalaelurus kanakorum	NEW CALEDONIA CATSHARK
Carcharhinus longimanus	OCEANIC WHITETIP SHARK (REQUIN OCÉANIQUE)
Carcharodon carcharias	GREAT WHITE SHARK
Diomedea epomophora	SOUTHERN ROYAL ALBATROSS
Dugong dugon	DUGONG (DUGONG)
Epinephelus lanceolatus	BRINDLED GROUPER (MÉROU LANCÉOLÉ)
Hippocampus kuda	SPOTTED SEAHORSE
Megaptera novaeangliae	HUMPBACK WHALE (BALEINE À BOSSE)
Nebrius ferrugineus	TAWNY NURSE SHARK
Nesofregetta fuliginosa	POLYNESIAN STORM-PETREL
Pterodroma cervicalis	WHITE-NECKED PETREL
Pterodroma solandri	PROVIDENCE PETREL
Puffinus bulleri	BULLER'S SHEARWATER
Rhincodon typus	WHALE SHARK (REQUIN BALEINE)
Stegostoma fasciatum	LEOPARD SHARK
Taeniura meyeni	BLACK-SPOTTED STINGRAY (PASTENAGUE EVENTAIL)
Thalassarche impavida	CAMPBELL ALBATROSS
Thunnus obesus	BIGEYE TUNA
Tridacna deresa	SOUTHERN GIANT CLAM
Tridacna gigas	GIANT CLAM (BÉNITIER GÉANT)
Urogymnus asperrimus	PORCUPINE RAY
Pterodroma leucoptera	GOULD'S PETREL (PÉTREL DE GOULD)

QUASI MENACEE

Espèces	**Nom commun**
Aetobatus narinari	SPOTTED EAGLE RAY
Apristurus albisoma	WHITISH CATSHARK
Choerodon schoenleinii	BLACKSPOT TUSKFISH
Epinephelus coioides	ORANGE-SPOTTED GROUPER (MÉROU TACHES ORANGES)
Epinephelus fuscoguttatus	BROWN-MARBLED GROUPER (MÉROU MARRON)
Epinephelus malabaricus	MALABAR GROUPER (MÉROU MALABARE)
Epinephelus polyphekadion	CAMOUFLAGE GROUPER (LOCHE CRASSEUSE)
Esacus giganteus	BEACH THICK-KNEE
Limosa limosa	BLACK-TAILED GODWIT
Manta birostris	MANTA RAY (RAIE MANTA)
Plectropomus leopardus	LEOPARD CORAL GROUPER (SAUMONÉE LÉOPARD)
Pseudobulweria rostrata	TAHITI PETREL (PÉTREL DE TAHITI)

Annexe 2

Liste des espèces de poissons répertoriées lors de l'inventaire du lagon du Mont Panié en Nouvelle Calédonie

Rich Evans

La liste ci-après a été compilée à la suite de l'inventaire de 41 sites du lagon du Mont Panié en Nouvelle Calédonie, inventaire qui a eu lieu du 24 novembre au 15 décembre 2004.

Cette liste n'est pas exhaustive compte tenu de la longueur réduite des inventaires et de l'incapacité à identifier des espèces discrètes. Veuillez vous référer aux sources suivantes pour obtenir des listes plus complètes des poissons de la Nouvelle Calédonie:

- Laboute, P. & R. Grandperrin (2000). Poissons de Nouvelle Calédonie. IRD. Edition Catherine Ledvr, Nouméa Nouvelle Calédonie
- Fishbase- www.fishbase.org/Country/CountryResultList.cfm?requesttimeout=9999&Country=540&group=Reef

La classification des familles suit Randall et al (1997) à l'exception de la famille des Cirrhitidae.
Randall, JE., GR. Allen, & RC. Steene (1997). The Complete Diver's and Fishermens Guide to Fishes of the Great Barrier Reef and Coral Sea. *University of Hawaii Press, USA.* 557pp.

Les termes qualificatifs de l'abondance et de la présence sont définis comme suit :

- Abondante – observée sur la plupart des sites en grands nombres. Plus de 100 individus.
- Commune – observée sur la plupart des sites.
- Occasionnelle – observée sur moins de la moitié des sites.
- Rare – observée sur moins de 8 sites, parfois un seul individu observé.
- Solitaire – la majeure partie du temps en solitaire, sauf lors des périodes de reproduction pour quelques exemples.
- Groupes – plusieurs individus présents dans la même zone.
- Bancs – de nombreux individus nageant ensemble.

ESPÈCE	Sites d'observation	Abondance et présence	Profondeur
STEGOSTOMATIDAE			
Stegostoma fasciatum (Hermann, 1783)		l'information non disponible	
GINGLYMOSTOMATIDAE			
Nebrius ferrugineus (Lesson, 1830)		l'information non disponible	
CARCHARHINIDAE			
Carcharhinus albimarginatus (Rüppell, 1837)		l'information non disponible	
Carcharhinus amblyrhynchos (Bleeker, 1856)		l'information non disponible	
Carcharhinus leucas (Valenciennes, 1839)		l'information non disponible	
Carcharhinus melanopterus (Quoy & Gaimard, 1824)		l'information non disponible	
Triaenodon obesus (Rüppell, 1835)		l'information non disponible	

ESPÈCE	Sites d'observation	Abondance et présence	Profondeur
DASYATIDAE			
Dasyatis kuhlii (Müller & Henle, 1841)	6,7,8,13,15,23,39	Rare - solitaire	jusqu'à90m
Pastinachus sephen (Forsskål, 1775)	23,24,38	Rare – vue sur le sable à la base des récifs	jusqu'à60m
Urogymnus asperrinus (Bloch & Schneider, 1801)	23	Rare- solitaire	jusqu'à130m
MYLIOBATIDAE			
Aetobatus narinari (Euphrasen, 1790)	18	Rare- 5 ind. nageant à mi-profondeur Sur le récif	1-80m
MURAENIDAE			
Gymnothorax fimbriatus (Bennett, 1832)	36	Rare - solitaire	7-50m
Gymnothorax flavimarginatus (Rüppell, 1830)	17,18,29	Rare - solitaire	1-150m
Gymnothorax javanicus (Bleeker, 1859)	6,16	Rare - solitaire	1-46m
Gymnothorax meleagris (Shaw & Nodder, 1795)	27,34	Rare - solitaire	1-36m
Rhinomuraena quaesita (Garman, 1888)	5,27,41	Rare - solitaire ou couples	1-57m
Siderea picta (Ahl, 1789)	41	Rare- solitaire	3m
CONGRIDAE			
Heteroconger hassi (Klausewitz &Eibl-Eibsfeldt, 1959)	6	Rare - de grandes colonies dans le sable	5-50m
Heteroconger polyzona (Bleeker, 1868)	30	Rare – de grandes colonies dans le sable	1-10m
CHANIDAE			
Chanos chanos (Forsskål, 1775)	21,35,36	Rare - bancs	Près de la surface
PLOTOSIDAE			
Plotosus lineatus (Thunberg, 1787)	4,11,15,24	Rare – en bancs	jusqu'à35m
SYNODONTIDAE			
Saurida nebulosa (Valenciennes, 1850)	9,28,29,39,41,42	Rare- solitaire ou couples	2-60m
Synodus binotatus (Schultz, 1953)	5,6,13,14,15,22,26,28, 34,40	Occasionnelle- solitaire ou couples	1-30m
Synodus dermatogenys (Fowler, 1912)	1,5,7,9,13,15,17,23,27, 29,31,32,36,37,39,40	Occasionnelle- solitaire ou couples	jusqu'à70m
Synodus variegatus (Lacepède, 1803)	1,5,6,7,9,10,11,13,14, 15,22,23,25,32, 36,40,41,42	Commune- solitaire ou couples	5-60m
GOBIESOCIDAE			
Diademichthys lineatus (Sauvage, 1883)	8,28,40	Rare- solitaire	3-20m
EXOCOETIDAE			
Cypselurus suttoni (Whitley & colefax, 1938)	35	Rare- Commune en eaux ouvertes	surface
ATHERINIDAE			
Atherinomorus lacunosus (Bloch & Schneider, 1801)	8,13,23,29,41,42	Rare- En bancs à la surface	surface
Hypoatherina barnesi (Schultz, 1953)	3,5,6,7,8,15,19,22,24, 26,28,29,31,33,35,36, 37,40,42	Commune- grands bancs	surface
BELONIDAE			
Tylosurus crocodilus (Peron & Lesueur, 1821)	4,6,13	Rare- solitaire	surface
HEMIRAMPHIDAE			

ESPÈCE	Sites d'observation	Abondance et présence	Profondeur
Hemirhamphus far (Forsskål, 1775)	29	Rare- petits groupes	surface
Zenarchopterus dispar (Valenciennes, 1847)	8	Rare- une seule	surface
HOLOCENTRIDAE			
Myripristis amaena (Castelnau, 1873)	9,10,11,16,18,21,23, 26,28,31,33,35, 36,39,40,42	Commune- rassemblements sous les saillies	2-52m
Myripristis berndti (Jordan & Evermann, 1903)	24,26,31,33,34,35,40	Rare- rassemblements sous les saillies	3-50m
Myripristis botche (Cuvier, 1829)	16	Rare- une seule	20-65m
Myripristis hexagona (Lacepède, 1802)	32,36	Rare- solitaire ou petits groupes	3-40m
Myripristis kuntee (Cuvier, 1831)	4,16,21,23,26,31,34, 35,38	Occasionnelle- solitaire ou petits groupes	2-35m
Myripristis murdjan (Forsskål, 1775)	1,2,16,18,23,26,29,31, 34,35	Occasionnelle- solitaire ou petits groupes	2-40m
Myripristis pralinia (Cuvier, 1829)	2,10,26,33	Rare- solitaire ou petits groupes	2-40m
Myripristis violacea (Bleeker, 1851)	16	Rare- solitaire ou petits groupes	3-30m
Myripristis vittata (Valenciennes, 1831)	1,21,23	Rare- solitaire ou petits groupes	15-80m
Neoniphon argenteus (Valenciennes, 1831)	6,31,39	Rare- parmi des grandes branches de staghorn branches- solitaire ou petits groupes	jusqu'à20m
Neoniphon opercularis (Valenciennes, 1831)	14,21,32,39,41	Rare- parmi des grandes branches de staghorn	3-25m
Neoniphon sammara (Forsskål, 1775)	2,4,6,9,14,16,21,22,23, 24,25,27,28,29, 31,32, 33,34,35,36,37,38,39, 40,41,42	Commune- rassemblements parmi les coraux staghorn et sous les saillies	3-40m
Sargocentron caudimaculatum (Rüppell, 1838)	2,7,10,17,18,23,26,31, 33,34,36	Occasionnelle	6-40m
Sargocentron diadema (Lacepède, 1801)	22,26,31,36	Rare	jusqu'à40m
Sargocentron rubrum (Forsskål, 1775)	4,8	Rare- solitaire ou petits groupes	jusqu'à84m
Sargocentron spiniferum (Forsskål, 1775)	1,5,6,7,10,14,16,17,18, 22,23,24,26,27,28,29, 33, 34,36,37,38,39,40,41,42	Commune- solitaire ou couples	jusqu'à122m
Sargocentron violaceum (bleeker, 1853)	33	Rare- Une seule	jusqu'à25m
AULOSTOMIDAE			
Aulostomus chinensis (Linnaeus, 1758)	13,18,26,29,31,34	Rare- solitaire	jusqu'à122m
FISTULARIIDAE			
Fistularia commersonii (Rüppell, 1838)	1,18,26,31,35	Rare- solitaire	jusqu'à128m
CENTRISCIDAE			
Aeoliscus strigatus (Günther, 1860)	28	Rare- petit banc	jusqu'à42m
SYNGNATHIDAE			
Corythoichtys intestinalis (Ramsay, 1881)	6,22	Rare- généralement en couples, se rassemble parfois	3-12m
Corythoichtys flavofasciatus (Rüppell, 1838)	9	Rare- solitaire, couples ou groupes	2-25m
SCORPAENIDAE			
Pterois antennata (Bloch, 1787)	33	Rare- solitaire	jusqu'à50m
Pterois volitans (Linnaeus, 1758)	26,29,38,41,42	Rare- solitaire	jusqu'à50m

ESPÈCE	Sites d'observation	Abondance et présence	Profondeur
Rhinopias aphanes (Eschmeyer, 1973)	1	Rare- solitaire	5-30m
Scorpaenodes guamensis (Qouy & Gaimard, 1824)	3,10	Rare- solitaire	jusqu'à12m
Scorpaenopsis papuensis (Cuvier, 1829)	3	Rare- solitaire	jusqu'à40m
Sebastapistes cyanostigma (Bleeker, 1856)	38	Rare- solitaire ou petits groupes	2-15m
PLATYCEPHALIDAE			
Cymbacephalus beauforti (Knapp, 1973)	25,28,29	Rare- solitaire	jusqu'à10m
Thysanophrys chiltonae (Schultz, 1966)	13	Rare- solitaire	5-38m
SERRANIDAE			
Anyperodon leucogrammicus (Valenciennes, 1828)	2,9,16,18,19,21,23,26, 31,34	Occasionnelle- solitaire	5-80m
Cephalopholis argus (Bloch & Schneider, 1801)	1,2,3,4,5,6,7,9,12,13, 16,17,18,19,21,23,26, 29,31,34,35,36,38	Commune- solitaire ou petits groupes	1-15m
Cephalopholis boenak (Bloch, 1790)	2,19,27,29	Rare- solitaire ou petits groupes	4-30m
Cephalopholis miniata (Forsskål, 1775)	6,18,26,28,31,37	Rare- solitaire	2-150m
Cephalopholis sonnerati (Valenciennes, 1828)	6,18,24	Rare- solitaire ou petits groupes	10-150m
Cephalopholis urodeta (Bloch & Schneider, 1801)	1,2,3,4,5,6,9,10,11,12, 13,16,17,18,19,21,22, 23,24,26,28,29,31,32,33, 34,35,36,37,38,40	Commune- solitaire	1-60m
Cromileptes altivelis (Valenciennes, 1828)	41	Rare (une seule)- solitaire	1-30m
Diploprion bifasciatum (Cuvier, 1828)	9,10,13,16,18	Rare- solitaire ou petits groupes	1-18m
Epinephelus caeruleopunctatus (Bloch, 1790)	13,23,26	Rare- solitaire	4-65m
Epinephelus coioides (Hamilton, 1822)		l'information non disponible	
Epinephelus corallicola (Valenciennes, 1828)	23	Rare (une seule)- solitaire	5-20m
Epinephelus cyanopodus (Richardson, 1846)	19,37	Rare- solitaire	jusqu'à150m
Epinephelus fasciatus (Forsskål, 1775)	18,21,26,28,33	Rare- solitaire	3-160m
Epinephelus fuscoguttatus (Forsskål, 1775)		l'information non disponible	
Epinephelus howlandi (Günther, 1873)	6,12,23,36,41	Rare- solitaire	1-37m
Epinephelus lanceolatus (Bloch, 1790)		l'information non disponible	
Epinephelus macrospilos (Bleeker, 1855)	28	Rare (une seule)- solitaire	3-44m
Epinephelus maculatus (Bloch, 1790)	6,7,17,19,23,24,25,26, 29,31,36,37,39,40	Occasionnelle- solitaire	2-100m
Epinephelus malabaricus (Bloch & Schneider, 1801)		l'information non disponible	
Epinephelus merra (Bloch, 1793)	3,4,5,6,7,8,9,10,11,12, 14,15,19,22,23,24,25, 26,27,28,29,31,32,33,34, 35,36,37,38,39,40 41,42	Commune- solitaire	1-50m
Epinephelus ongus (Bloch, 1790)	23,29,39	Rare- solitaire	5-25m
Epinephelus polyphekadion (Bleeker, 1856)		l'information non disponible	
Epinephelus spilotoceps (Schultz, 1953)	23	Rare (une seule)- solitaire	1-20m
Gracila albomarginata (Fowler & Bean, 1930)	1	Rare- solitaire	15-120m

ESPÈCE	Sites d'observation	Abondance et présence	Profondeur
Plectropomus laevis (Lacepède, 1802)	1,2,3,4,5,7,11,12,15, 16,18,21,23,24,26,27,31, 34,35,36,38,42	Commune- solitaire	4-90m
Plectropomus leopardus (Lacepède, 1802)		l'information non disponible	
Pseudanthias hypselosoma (Bleeker, 1878)	5,6,17,19,26,29,37	Rare- bancs sur les têtes de corail	jusqu'à35m
Pseudanthias pascalus (Jordan & Tanaka, 1927)	1,2,4,9,11,13,18,21,26,2 8,34,35	Occasionnelle- de grands bancs bien au dessus des coraux	5-60m
Pseudanthias squamipinnis (Peters, 1855)	1,2,6,17,18,19,21,22,26, 27,29,31,34,35,36	Commune- de grands bancs sur les récifs peu profonds	2-20m
Variola louti (Forsskål, 1775)	1,2,4,5,7,17,18,23,26,31, 34,35,36	Commune- solitaire	3-240m
Serranocirrhitus latus (Watanabe, 1949)	1,2	Rare- solitaire ou petits groupes	15-70m
Belonoperca chabanaudi (Fowler & Bean, 1930)	4	Rare (une seule)- solitaire	4-50m
PSEUDOCHROMIDAE			
Pseudochromidae cyanotaenia (Bleeker, 1857)	38	Rare (une seule)- solitaire	jusqu'à10m
Pseudochromis fuscus (Müller & Troschel, 1849)	4,7	Rare- solitaire	1-30m
Pseudochromis marshallensis (Schultz, 1953)	38	Rare (une seule)- solitaire	1-15m
Pseudochromis paccagnellae (Axelrod, 1973)	1,2,5,6,8,9,11,13,18	Occasionnelle- solitaire	5-40m
PLESIOPIDAE			
Assessor macneili (Whitley, 1935)	5,6,7,8,9,12,13,15,18, 19,23,24,25,26,28,30, 32,33,34,38,39,40,41,42	Abondante- petits bancs sous les saillies	5-20m
CIRRHITIDAE			
Cirrhitichtys falco (Randall, 1963)	2,3,4,5,6,8,9,11,12,18,22 ,23,26,27,30,36,	Commune- solitaire sur le sommet des têtes de corail	4-46m
	37,40		
Cirrhitichtys oxycephalus (Bleeker, 1855)	19	Rare (une seule)- solitaire	jusqu'à40m
Cirrhitus pinnulatus (Schneider, 1801)	12,12,35	Rare- dans les zones touchées par les vagues	jusqu'à3m
Neocirrhitus arnatus (Castelnau, 1873)	26	Rare (une seule)- solitaire	1-10m
Paracirrhites arcatus (Cuvier, 1829)	1,2,3,5,9,12,13,15,16, 18,19,22,23,26,29,34, 35,36,38,42	Commune- solitaire sur le sommet des têtes de corail	1-35m
Paracirrhites forsteri (Schneider, 1801)	1,2,3,4,5,6,7,8,9,10, 11,12,13,16,17,18,21,22, 23,24,25,26,27,28,29,31, 32,33,34,35,36, 37,42	Commune- solitaire sur le sommet des têtes de corail	1-35m
Paracirrhites hemistictus (Günther, 1874)	1,21	Rare- solitaire sur le sommet des têtes de corail	1-18m
TERAPONTIDAE			
Terapon jarbua (Forsskål, 1775)	8	Bancs- embouchures des estuaires et ruisseaux	20-290m
APOGONIDAE			
Apogon angustatus (Smith & Radcliffe, 1911)	2,8,22,29,32,37	Rare- solitaire ou petits groupes dans des grottes	5-65m
Apogon aureus (Lacepède, 1802)	1,17,18,24,26,29,31, 37,40	Occasionnelle- rassemblements	jusqu'à40m

ESPÈCE	Sites d'observation	Abondance et présence	Profondeur
Apogon bandanensis (Bleeker, 1854)	40	Rare- solitaire ou petits groupes	jusqu'à12m
Apogon compressus (Smith & Radcliffe, 1911)	6,13,15,19,32,33,40,4 1,42	Occasionnelle- rassemblements	jusqu'à10m
Apogon cookii (Macleay, 1881)	42	Rare- solitaire ou petits groupes	jusqu'à10m
Apogon cyanosoma (Bleeker, 1853)	1,15,17,18,19,23,26,29, 30,31,32,37,39,40,41	Commune- solitaire, couples ou rassemblements	jusqu'à40m
Apogon doederleini (Jordan & Snyder, 1901)	37	Rare- couples ou petits groupes	3-30m
Apogon exostigma (Jordan & Starcks, 1906)	31,37,38	Rare- solitaire ou groupes	3-20m
Apogon fraenatus (Valenciennes, 1832)	15,18,29,39	Rare- Solitaire ou petits groupes	3-25m
Apogon fragilis (Smith, 1961)	8,17	Rare- solitaire ou couples	jusqu'à15m
Apogon guamensis (Valenciennes, 1832)	37,40	Rare- solitaire ou couples	jusqu'à3m
Apogon kallopterus (Bleeker, 1856)	2,5,10,13,14,23,24,26, 29,32,36,37,38,40,41	Occasionnelle- solitaire ou petits groupes	3-45m
Apogon leptacanthus (Bleeker, 1856)	29	Rare- forme des groupes	2-12m
Apogon nigrofasciatus (Lachner, 1953)	2,3,37,41	Rare- solitaire ou couples dans des grottes et des saillies	3-50m
Archamia fucata (Cantor, 1850)	6,8,9,26,28,29	Rare- forme des rassemblements	2-60m
Cheilodipterus artus (Smith, 1961)	1,2,5,7,8,9,11,12,13, 15,16,18,21,23,28,30, 32,37,40,41,42	Commune- Des rassemblements lâches dans des grottes	3-25m
Cheilodipterus macrodon (Lacepède, 1802)	6,8,9,13,16,23,24,28, 36,40	Commune- Solitaire dans des grottes ou des saillies	jusqu'à40m
Cheilodipterus quinquelineatus (Cuvier, 1828)	5,6,7,8,11,12,13,15,16, 19,23,24,25,27,2930,31, 32,36,37,38,39,40,41	Commune- rassemblements	jusqu'à40m
Rhabdamia gracilis (Bleeker, 1856)	17	Rare- rassemblements	2-15m
Siphamia versicolor (Smith & Radcliffe, 1912)	32	Rare- forme des groupes parmi des piquants d'oursin	jusqu'à18m
MALACANTHIDAE			
Malacanthus brevirostris (Guichenot, 1848)	2,13,17,19,26,31	Rare- solitaire ou couples	5-30m
Malacanthus latovittatus (Lacepède, 1801)	3,26,31	Rare- généralement en couple	14-45m
ECHENEIDAE			
Echeneis naucrates (Linnaeus, 1758)	5,9,11,29,30,34,35,41	Occasionnelle- attachée à la mégafaune ou nageant librement	
CARANGIDAE			
Alectis ciliaris (Bloch, 1788)	31,35,38	Rare- jeune en bancs, adultes souvent solitaires	jusqu'à100m
Carangoides ferdau (Forsskål, 1775)	1,2,11,12,18,26,35,42	Occasionnelle- forme des bancs	jusqu'à60m
Carangoides plagiotaenia (Bleeker, 1857)	1	Rare- solitaire ou formant des petits bancs	2-200m
Caranx ignobilis (Forsskål, 1775)	2,16,21	Rare- généralement solitaire	jusqu'à80m
Caranx lugubris (Poey, 1860)	1	Rare- solitaire ou formant des bancs	20-70m
Caranx melampygus (Cuvier, 1833)	2,6,9,13,15,17,21,34,35	Occasionnelle- solitaire ou petits bancs	jusqu'à190m
Caranx papuensis (Alleyne & Macleay, 1877)	2,28	Rare- solitaire ou formant des bancs	jusqu'à30m
Elagatis bipinnulatus (Qouy & Gaimard, 1825)	1,2,16,21,35	Rare- forme des bancs	jusqu'à150m
Gnathanodon speciosus (Forsskål, 1775)	1,26,33	Rare- les jeunes accompagnent des grands poissons pélagiques	

ESPÈCE	Sites d'observation	Abondance et présence	Profondeur
Scomberoides commersonnianus (Lacepede, 1801)	19	Rare- solitaire ou formant des bancs	jusqu'à25m
Scomberoides lysan (Forsskål, 1775)	19,26	Rare- forme des petits bancs	jusqu'à100m
Scomberoides tol (Cuvier, 1832)	30	Rare- solitaire ou formant des bancs	20-50m
Trachinotus blochii (Lacepède, 1801)	1,2,21,23	Rare- solitaire ou formant bancs	10-50m
LUTJANIDAE			
Aphareus furca (Lacepède, 1802)	16,21,26,34,35,	Rare- solitaire ou formant des petits groupes	5-100m
Aprion virescens (Valenciennes, 1830)	1,4,6,11,16,17,18,27, 35,41	Occasionnelle- solitaire	5-150m
Lutjanus argentimaculatus (Forsskål, 1775)	1,28,29	Rare- solitaire ou rassemblements lâches	1-120m
Lutjanus bohar (Forsskål, 1775)	1,2,3,5,6,7,9,11,13,14, 16,17,18,21,23,24,25, 26,27,28,29,31,33,34,35, 36,37,38,39,40,41	Commune- solitaire ou petits groupes	5-150m
Lutjanus fulviflamma (Forsskål, 1775)	1,2,4,6,11,13,16,18, 21,23,25,26,30,32,34, 35,39,40,41,42	Abondante- forme des groupes	3-35m
Lutjanus fulvus (Bloch & Schneider, 1801)	2,5,6,7,8,9,11,12,13, 14,16,19,21,23,25,27,28, 29,30,31,32,33,34,35,36, 37,38,39,40,41,42	Commune- solitaire ou rassemblements lâches	1-75m
Lutjanus gibbus (Forsskål, 1775)	1,2,4,5,7,8,9,12,13,14,16, 18,21,23,24,25,26, 28,30, 31,33,34,35,36,39,40,41	Commune- Solitaire ou formant bancs	1-150m
Lutjanus kasmira (Forsskål, 1775)	1,2,4,6,11,13,16,18, 21,23,25,26,32,34,36, 37,38,39,40,41	Commune- Rassemblements autour des têtes de corail	3-35m
Lutjanus lutjanus (Bloch, 1790)	19	Rare- grands rassemblements	10-90m
Lutjanus monostigma (Cuvier, 1828)	6,21,23,29,30,34,38, 41,42	Occasionnelle- solitaire ou petits groupes	5-60m
Lutjanus quinquelineatus (Bloch, 1790)	1,7,13,30,40,41	Rare- en bancs	2-40m
Lutjanus rivulatus (Cuvier, 1828)	2,21,35	Rare- solitaire ou petits groupes	4-64m
Lutjanus russelli (Bleeker, 1849)	1,6,8,13,18,26,28,30	Rare- solitaire ou petits groupes	jusqu'à80m
Lutjanus vitta (Quoy & Gaimard, 1824)	29	Rare- solitaire ou petits groupes	10-72m
Macolor macularis (Fowler, 1931)	1,5,7,11,18,23,34	Rare- solitaire ou groupes	3-90m
Macolor niger (Forsskål, 1775)	1,4,5,6,7,9,11,13,16, 17,18,21,23,26,27,31, 33,34,35,38,40,42	Commune- solitaire ou formant bancs	3-90m
Symphorus nematophorus (Bleeker, 1860)	31	Rare- solitaire ou groupes	jusqu'à50m
CAESIONIDAE			
Caesio caerulaurea (Lacepède, 1802)	1,2,5,6,8,9,11,12,13, 16,18,19,21,24,25,27, 30,33,34,35,37,40,41,42	Commune- grands rassemblements	2-25m
Caesio cuning (Bloch, 1791)	8,13,18,23,25,27,28,29, 32,41,42	Commune- grands rassemblements, mélange d'espèces	jusqu'à30m
Caesio lunaris (Cuvier, 1830)	42	Rare- grands rassemblements, mélange d'espèces	jusqu'à30m
Caesio teres (Seale, 1906)	14,18,25,27,28,31,40	Occasionnelle- grands rassemblements, mélange d'espèces	jusqu'à30m

ESPÈCE	Sites d'observation	Abondance et présence	Profondeur
Pterocaesio diagramma (Bleeker, 1865)	1,2,4,7,8,9,11,12,14,16, 18,31,34,35,37	Commune- grands rassemblements, mélange d'espèces	jusqu'à30m
Pterocaesio pisang (Bleeker, 1853)	2,4,6,7,9,11,13,16,18, 19,21,26,27,28,29,33, 34,35,42	Commune- grands rassemblements, mélange d'espèces	jusqu'à30m
Pterocaesio tesselata (Carpenter, 1987)	7,9,18,22	Rare- grands rassemblements, mélange d'espèces	jusqu'à30m
Pterocaesio tile (Cuvier, 1830)	1,2,5,6,7,8,11,12,13,16, 18,21,22,24,25,27, 28,29, 30,31,33,34,37,38,40,42	Abondante- grands rassemblements, mélange d'espèces	jusqu'à60m
Pterocaesio trilineata (Carpenter, 1987)	2,4,6,7,9,11,13,16,18,21, 22,23,24,25,26,27, 31,32 ,33,34,35,37,38,41,42	Abondante- grands rassemblements, mélange d'espèces	jusqu'à30m
HAEMULIDAE			
Diagramma pictum (Thunberg, 1792)	6	Rare- solitaire ou formant groupes	5-40m
Plectorhinchus albovittatus (Rüppell, 1838)	1,2,4,12,17,18,21,26,28, 29,31,34,35,36	Occasionnelle- solitaire	2-50m
Plectorhinchus chaetodonoides (Lacepède, 1800)	2,46,7,9,11,16,18,21,23, 25,26,31,33,40,42	Occasionnelle- solitaire	2-30m
Plectorhinchus flavomaculatus (Cuvier, 1830)	6	Rare (une seule)- solitaire	2-25m
Plectorhinchus gibbosus (Lacepède, 1802)	1,2,9,26,32	Rare- solitaire ou petits groupes	jusqu'à25m
Plectorhinchus lineatus (Linnaeus, 1758)	1,2,9,12,18,21,22,23, 25,28,30,33,34,35,36, 37,39,40,41,42	Commune- solitaire ou petits groupes	jusqu'à35m
Plectorhinchus lessonii (Cuvier, 1830)	2,4,8,9,11,13,14,16,24, 26,29,30,40,41,42	Occasionnelle- solitaire	jusqu'à35m
Plectorhinchus picus (Cuvier, 1830)	2,36	Rare- solitaire	5-50m
LETHRINIDAE			
Gnathodentex aurolineatus (Lacepède, 1802)	1,2,4,6,7,9,11,12,13,16, 21,23,24,26,29,32	Commune- solitaire à grands rassemblements	3-20m
G. aurolineatus (Lacepède, 1802) (cont.)	,33,34,35,36,38,39,40,42		
Gymnocranius euanus (Günther, 1879)	3,4	Rare- solitaire ou petits groupes	15-50m
Gymnocranius grandocculis (Valenciennes, 1830)	2,41	Rare- solitaire ou petits groupes	15-100m
Gymnocranius sp. * (undescribed)	7	Rare (deux seulement)- solitaire ou petits groupes	15-50m
Lethrinus atkinsoni (Seale, 1909)	2,4,7,9,11,12,13,17, 23,24,25,26,27,33,35, 36,37,40,41	Commune- solitaire	2-25m
Lethrinus harak (Forsskål, 1775)	8,14,17,19,22,28,29,30, 37,39,41,42	Occasionnelle- solitaire ou petits groupes	jusqu'à20m
Lethrinus lentjan (Lacepède, 1802)	16,42	Rare- solitaire ou formant groupes	10-50m
Lethrinus nebulosus (Forsskål, 1775)	6,13,16,18,26,31,38	Occasionnelle- solitaire à grands groupes	jusqu'à75m
Lethrinus obsoletus (Forsskål, 1775)	2,6,7,10,13,23,24,25, 26,27,28,30,32,33,34, 36,37,38,39,40,41	Commune- solitaire ou petits groupes	jusqu'à30m
Lethrinus olivaceus (Valenciennes, 1830)	17,18,19,28,30,31,40,41	Occasionnelle- solitaire ou petits groupes	1-185m
Lethrinus rubrioperculatus (Sato, 1978)	1,3,17,26	Occasionnelle- solitaire ou petits groupes	jusqu'à40m

ESPÈCE	Sites d'observation	Abondance et présence	Profondeur
Lethrinus xanthochilus (Klunzinger, 1870)	1,2,3,21,23,26,31,34, 36,40,42	Occasionnelle- solitaire ou petits groupes	5-30m
Lethrinus variegatus (Valenciennes, 1830)	3,6,22,24,37,38,39	Occasionnelle- formant généralement des groupes	jusqu'à15m
Monotaxis grandoculis (Forsskål, 1775)	1,2,4,5,6,7,10,11,12,13 ,16,17,18,19,21,22,23, 24,25,26,27,28,29,30, 31,32,33,34,35,36,37, 38,39,40,41,42	Commune- solitaire ou groupes	jusqu'à100m
NEMIPTERIDAE			
Pentapodus caninus (Cuvier, 1830)	5,7,9,11,13,18,19,42	Occasionnelle- solitaire ou petits groupes	2-35m
Pentapodus nagasakiensis (Tanaka, 1915)	27	Une seule	20-100m
Scolopsis bilineatus (Bloch, 1793)	2,3,4,5,6,7,8,9,10,11, 12,13,14,16,17,18,19, 21,22,23,24,25,26,27, 28,29,30,31,32,33,34, 36,37,38,39,40,41,42	Commune- solitaire ou petits groupes	jusqu'à25m
Scolopsis ciliatus (Lacepède, 1802)	8,14,28,29,30,41	Rare- solitaire ou groupes	2-25m
Scolopsis lineatus (Quoy & Gaimard, 1824)	1,5,13,21,22,24,25,27, 31,32,33,35,37,38,39,40,	Commune- solitaire ou groupes	1-20m
Scolopsis trilineatus (Kner, 1868)	3,6,10,13,19,22,23,24, 26,27,28,31,32,36,37, 38,39,40	Commune- solitaire ou groupes	1-10m
MULLIDAE			
Mulloidichthys flavolineatus (Lacepède, 1801)	4,6,7,13,19,22,24,25,27, 28,29,30,32,33,37,	Commune- solitaire et groupes	jusqu'à35m
	39,40,41,42		
Mulloidichthys vanicolensis (Valenciennes, 1831)	4,6,9,18,21,23,29,35,3 7,40	Occasionnelle- solitaire ou en rassemblement	jusqu'à113m
Parupeneus barberinoides (Bleeker, 1852)	24,27,32,39	Rare- adultes solitaires, juvéniles formant des bancs	jusqu'à15m
Parupeneus barberinus (Lacepède, 1801)	1,2,3,4,5,6,7,9,10,11, 13,14,15,16,17,18,19 22,23,24,25,26,27,28, 29,30,31,32,33,34,35, 36,37,38,39,40,41	Commune- solitaire ou petits groupes	jusqu'à100m
Parupeneus bifasciatus (Lacepède, 1801)	1,2,4,5,6,7,8,9,10,11, 12,13,14,15,16,17,18, 21,22,23,25,26,28,29,31, 33,34,35,36, 38,41,42	Commune- solitaire ou couples	jusqu'à80m
Parupeneus ciliatus (Lacepède, 1801)	1,6,8,9,13,15,21,22,23, 24,25,27,28,29,30, 32,33, 34,36,37,38,39,40,41,42	Commune- solitaire	jusqu'à40m
Parupeneus cyclostomus (Lacepède, 1801)	1,2,3,5,7,9,13,17,18, 19,23,25,26,29,34,35, 36,37,39,40,41	Commune- solitaire ou couples	2-92m
Parupeneus heptacanthus (Lacepède, 1801)	13,23,24,26,29,34,36	Occasionnelle- solitaire	15-100m
Parupeneus indicus (Shaw, 1803)	14,28,29,33,41,42	Rare- solitaire ou groupes	jusqu'à40m

ESPÈCE	Sites d'observation	Abondance et présence	Profondeur
Parupeneus multifasciatus (Quoy & Gaimard, 1825)	1,2,34,5,6,8,9,10,11, 12,13,14,15,16,17,18, 19,21,22,23,24,25,26, 27,28,29,30,31,32,33, 34,35,36,37,38,39,40,41	Commune- solitaire	jusqu'à140m
Parupeneus pleurostigma (Bennett, 1830)	3,4,5,6,8,9,10,11,17,18, 19,22,23,24,26,27, 29,30 ,31,34,36,37,38,39,42	Commune- solitaire	5-42m
Upeneus tragula (Richardson, 1846)	7,15,19,25,28,29,32,33, 37,39,40,41,42	Occasionnelle- solitaire ou groupes	jusqu'à25m
PEMPHERIDAE			
Pempheris oualensis (Cuvier, 1831)	1,9,11,12,13,15,16,23, 26,34,35	Occasionnelle- rassemblements dans les grottes ou les saillies	jusqu'à35m
Pempheris vanicolensis (Cuvier, 1831)	7,12,13	Rare- rassemblements dans les grottes ou les saillies	jusqu'à25m
KYPHOSIDAE			
Kyphosus bigibbus (Lacepède, 1801)	2,18	Rare- groupes	jusqu'à25m
Kyphosus cinerascens (Forsskål, 1775)	1,2,9,21	Rare- petits à grands groupes	jusqu'à25m
Kyphosus vaigiensis (Quoy & Gaimard, 1825)	2,9,16,21,30	Rare- petits à grands groupes	jusqu'à25m
EPHIPPIDAE			
Platax ou bicularis (Forsskål, 1775)	1,2,4,5,13,16,18,21,30	Occasionnelle- couples ou groupes	2-35m
Platax Tiera (Forsskål, 1775)	16,17,18,21,31,34,35	Occasionnelle- groupes	3-25m
CHAETODONTIDAE			
Chaetodon auriga (Forsskål ,1775)	3,5,6,14,15,18,21,22,23, 24,25,26,27,29,31,	Commune- solitaire, couples ou petits groupes	jusqu'à40m
C. auriga (Forsskål ,1775) (cont.)	32,33,34,35,36,37,38,39, 40,41,42		
Chaetodon baronessa (Cuvier, 1831)	4,6,7,8,9,11,12,13,14, 15,16,18,21,25,27,28, 29,30,32,33,39,40,41,42	Commune- couples	jusqu'à10m
Chaetodon bennetti (Cuvier, 1831)	13,32,42	Rare- solitaire ou couples	5-30m
Chaetodon citrinellus (Cuvier, 1831)	1,3,5,7,8,9,10,11,13, 14,15,17,18,19,21,22, 23,24,25,26,27,28,30, 31,32,33,34,35,36,37, 38,39,40,41,42	Commune- solitaire, couples ou petits groupes	1-3m (rare 30m)
Chaetodon ephippium (Cuvier, 1831)	1,2,3,4,7,8,9,10,11,12, 13,15,16,18,19,21,22, 23,24,25,27,28,29,30, 31,32,33,34,35,36,37, 38,39,40,41,42	Commune- solitaire ou couples	jusqu'à30m
Chaetodon flavirostris (Günther, 1873)	1,2,17,26,31,32,33,34, 35,36,37,39,40,41	Occasionnelle- couples	2-20m
Chaetodon kleinii (Bloch, 1790)	2,6,14,16,17,18,24,26, 27,31,39,40,41	Occasionnelle- solitaire à grands rassemblements	2-61m
Chaetodon lineolatus (Cuvier, 1831)	1,7,8,13,16,25,26,27,28, 30,34,36,37,40,41,42	Commune- solitaire ou couples	jusqu'à171m

ESPÈCE	Sites d'observation	Abondance et présence	Profondeur
Chaetodon lunulatus (Quoy & Gaimard, 1824)	1,2,3,4,5,6,7,8,9,10,11 ,12,13,14,15,16,17,18, 19,21,22,23,24,25,26,27, 28,29,30,31,32,33, 34,35 ,36,37,38,39,40,41,42	Commune- couples	jusqu'à20m
Chaetodon lunula (Lacepède, 1802)	1,2,4,5,6,7,8,9,10,11, 13,14,15,16,18,19,21, 22,23,24,25,30,40,41,42	Commune- solitaire, couples ou rassemblements	jusqu'à30m
Chaetodon melannotus (Bloch & Schneider, 1801)	2,5,7,8,13,14,15,16, 18,21,23,25,27,30,32, 33,34,35,37,39,40,41,42,	Commune- solitaire ou couples	2-20m
Chaetodon mertensii (Cuvier, 1831)	1,4,6,8,11,13,16,19,26, 30,32,37,40	Occasionnelle- solitaire ou couples	10-120m
Chaetodon ou natissimus (Cuvier, 1831)	2,4,7,9,11,12,16,18,21, 34,35,42	Occasionnelle- couples	jusqu'à36m
Chaetodon pelewensis (Kner, 1868)	1,2,4,5,6,7,8,9,11,12, 13,14,16,18,19,21,23, 25,26,29,30	Commune- couples	jusqu'à30m
Chaetodon plebeius (Cuvier, 1831)	1,2,3,4,5,7,8,9,10,11, 14,15,16,18,21,22,23, 24,25,27,30,31,32,33,34, 35,36,37,39,40, 41,42	Commune- solitaire ou couples	jusqu'à10m
Chaetodon rafflesi (Bennett, 1830)	2,3,4,7,8,9,10,13,15,16, 21,22,23,24,26,27, 31,33, 34,35,36,37,38,39,40,41	Commune- solitaire ou couples	jusqu'à15m
Chaetodon reticulatus (Cuvier, 1831)	1,2,21,34	Rare- solitaire, couples ou rassemblements	jusqu'à30m
Chaetodon semeion (Bleeker, 1855)	25,27,33,42	Rare- couples	2-50m
Chaetodon speculum (Cuvier, 1831)	3,4,16,21,23,40,41	Rare- solitaire ou couples	8-30m
Chaetodon trifascialis (Quoy & Gaimard, 1825)	1,2,3,4,6,7,10,13,14,16, 17,18,21,22,23,25,	Commune- solitaire ou couples	jusqu'à12m
C. trifascialis (Quoy & Gaimard, 1825) (cont.)	26,27,29,30,35,36,37,38, 39,40,41,42		
Chaetodon ulietensis (Cuvier, 1831)	1,2,4,6,7,9,10,11,12, 13,16,18,21,23,24,25, 27,28,29,30,31,32,33,34, 38,39,40,41,42	Commune- solitaire, couples ou groupes	jusqu'à30m
Chaetodon unimaculatus (Bloch, 1787)	1,2,4,5,7,8,11,12,13, 16,18,21,23,26,32,33, 34,37,39,40,41,42	Commune- solitaire ou petits groupes	10-60m
Chaetodon vagabundus (Linnaeus, 1758)	2,4,5,6,7,8,9,10,11,12, 13,14,15,16,17,18,19, 21,22,23,25,26,27,28, 29,30,31,32,33,34,35, 36,37,38,39,40,41,42	Commune- solitaire ou groupes	jusqu'à30m
Forcipiger flavissimus (Jordan & McGregor, 1898)	1,2,4,5,6,9,11,12,13, 16,18,21,23,24,26,28, 31,34,35,36,38	Commune- solitaire ou couples	2-114m
Forcipiger longirostris (Broussonet, 1782)	18,28	Rare- solitaire ou couples	5-60m
Heniochus acuminatus (Linnaeus, 1758)	17,18,26,37	Rare- solitaire ou couples	2-75m

ESPÈCE	Sites d'observation	Abondance et présence	Profondeur
Heniochus chrysostomus (Cuvier, 1831)	2,5,6,7,10,12,14,15,16,17,18,22,23,25,27,28,29,30,31,32,33,34,35,36,37,38,39,40,41,42	Commune- solitaire ou couples	3-45m
Heniochus monoceros (Cuvier, 1831)	2,7,16,31,32,33,40,41,42	Occasionnelle- solitaire, couples ou groupes	2-25m
Heniochus singularis (Smith & Radcliffe, 1911)	1,2,7,18,30,32,33,34,35,39,40,41,42	Occasionnelle- solitaire ou couples	2-250m
Heniochus varius (Cuvier, 1829)	1,2,8,12,14,15,16,18,19,32,33,34,35,40,41,42	Commune- solitaire, couples ou groupes	2-30m
POMACANTHIDAE			
Apolemichthys trimaculatus (Valenciennes, 1831)	2	Une seule- solitaire ou couples	15-60m
Centropyge bicolor (Bloch, 1787)	1,2,4,5,6,7,9,11,13,14,16,17,18,19,21,22,23, 24,25,26,27,28,29,31,32,33,34,35,36,37,38, 39,40,41,42	Commune- solitaire, couples ou petits groupes	10-25m
Centropyge bispinosus (Günther, 1860)	1,2,4,5,6,7,9,11,13,14,16,18,19,21,22,23,24,25,26,27,28,29,30,31,32,33,34,35,36,37,38,40,41,42	Commune- solitaire ou petits groupes	5-45m
Centropyge flavicauda (Fraser-Brunner, 1933)	17	Rare- solitaire ou rassemblements lâches	10-60m
Centropyge flavissimus (Cuvier, 1831)	1,2,3,4,5,6,7,9,1,0,11,12,13,14,16,18,19,21,22,23,24,25,26,27,28,29,30,31,32,33,34,35,36,37,38,39,40,41,42	Commune- solitaire, couples ou groupes	jusqu'à25m
Centropyge loriculus (Günther, 1874)	1,2	Rare- solitaire ou petits groupes	5-60m
Centropyge nox (Bleeker, 1853)	4	Une seule- solitaire ou petits groupes	10-70m
Centropyge tibicen (Cuvier, 1831)	9,14,18,19,25,28,29,32,33,37,39,40,41,	Occasionnelle- solitaire ou petits groupes	4-35m
Centropyge vrolicki (Bleeker, 1853)	1,19,22,23,28,29,32,	Rare- solitaire ou groupes lâches	jusqu'à25m
Genicanthus melanospilos (Bleeker, 1857)	18	Rare- Couples ou harems	20-45m
Pomacanthus imperator (Bloch, 1787)	2,16,	Rare- solitaire	6-60m
Pomacanthus semicirculatus (Cuvier, 1831)	2,4,5,7,11,12,13,21,30,34,35,42,	Occasionnelle- solitaire	jusqu'à40m
Pomacanthus sextriatus (Cuvier, 1831)	1,2,6,11,13,16,21,22,25,27,28,29,31,33,36,37,38,40,41,	Commune- solitaire ou couples	3-60m
Pygoplites diacanthus (Boddaert, 1772)	1,2,4,5,6,7,9,11,16,18,19,21,28,29,31,32,33,34,35,38,41,42	Commune- solitaire ou couples	jusqu'à48m
POMACENTRIDAE			
Abudefduf sexfasciatus (Lacepède, 1802)	1,4,5,7,8,9,11,13,15,19,21,22,23,24,26,27,28,29,31,32,33,34,35,36,38,39,40,41,42	Commune- Groupes à mi-profondeur	jusqu'à15m
Abudefduf vaigiensis (Quoy & Gaimard, 1825)	1,8,9,21,28,29,33,34,35,36,38,41,42	Occasionnelle- groupes à mi-profondeur	jusqu'à12m
Abudefduf whitleyi (Allen & Robertson, 1974)	8,10,21,35,	Rare- solitaire ou formant groupes	jusqu'à5m

ESPÈCE	Sites d'observation	Abondance et présence	Profondeur
Amblyglyphidodon aureus (Cuvier, 1830)	9	Une seule- solitaire ou couples	12-35m
Amblyglyphidodon curacao (Bloch, 1787)	5,7,8,9,11,13,14,18, 19,23,25,26,27,28,29,30, 32,33,37,38,39,40,41,42	Commune- groupes près des branches de corail	jusqu'à15m
Amblyglyphidodon leucogaster (Bleeker, 1847)	1,4,6,7,9,12,13,16,18,29, 30,32,33,40,41,42	Commune- Solitaire ou groupes	2-45m
Amphiprion akindynos (Allen, 1972)	1,3,4,6,7,8,14,21,24, 27,28,31,32,33,34,37, 38,40,41,42	Commune- vit dans 6 espèces d'anémones	3-25m
Amphiprion clarkii (Bennett, 1830)	1,2,5,6,7,9,11,13,22,24, 26,27,31,32,35,39,41	Commune- vit dans 10 espèces d'anémones	jusqu'à55m
Amphiprion melanopus (Bleeker, 1852)	3,7,11,13,14,23,24,25, 26,27,28,29,31,37, 38,40,41	Commune- vit dans 3 espèces d'anémones	jusqu'à10m
Amphiprion perideraion (Bleeker, 1855)	4,7,9,22,24,31,32,38,	Occasionnelle- Vit dans 4 espèces d'anémones	3-20m
Cheiloprion labiatus (Day, 1877)	14	Une seule- solitaire ou groupes lâches	jusqu'à3m
Chromis acares (Randall & Swerdloff, 1973)	2	Rare- rassemblements au-dessus des têtes de corail	2-37m
Chromis agilis (Smith, 1960)	1,6,9,11,16,21,24,31,33, 34,35,38,	Occasionnelle- solitaire ou formant groupes	3-56m
Chromis alpha (Randall, 1988)	1,5,7,8,9,12,13,16,18, 19,34,42	Occasionnelle- solitaire ou formant groupes	18-95m
Chromis amboinensis (Bleeker, 1873)	4,6,7,18,	Rare- solitaire ou groupes lâches	5-65m
Chromis atripes (Fowler & Bean, 1928)	1,2,3,4,5,6,7,8,9,11,12, 13,16,18,19,21,23, 27,28, 29,31,33,34,35,38,39,40,	Commune -solitaire ou rassemblements lâches	10-35m
Chromis chrysura (Bliss, 1883)	1,6,7,9,11,12,13,21,24, 33,34,35,38,	Occasionnelle- groupes à mi-profondeur	6-30m
Chromis flavomaculata (Kamohara, 1960)	1,2,21,28,29,33,34,35,	Occasionnelle- grands bancs	6-40m
Chromis flavipectoralis (Randall, 1998)	4,9,10,14,16,18,19,22,23, 24,25,26,27,28,29, 31,32 ,34,36,37,38,40,41,42	Commune- solitaire ou rassemblements lâches	2-16m
Chromis fumea (Tanaka, 1917)	9,13,34,	Rare- rassemblements se nourrissant à mi-profondeur	3-25m
Chromis iomelas (Jordan & Seale, 1906)	1,2,4,6,11,12,13,14,16, 18,19,24,26,31,38,	Occasionnelle- solitaire ou formant groupes	3-25m
Chromis lepidolepis (Bleeker, 1877)	2,4,5,6,9,10,12,13,16, 17,18,19,21,22,23,24, 25,26,28,29,31,33,34,36, 37,38,41,42	Abondante- groupes	2-20m
Chromis margaritifer (Fowler, 1946)	1,2,3,4,6,8,9,10,11,12, 13,14,15,16,17,18,19, 21,22,23,24,25,26, 27,28,29,31,32,33,34, 35,38,340,41,42	Commune- solitaire ou formant groupes	2-20m
Chromis ternatensis (Bleeker, 1856)	1,2,4,5,6,7,8,9,16,18,19, 21,23,24,26,27,28, 29,31 ,32,33,34,35,40,41,42	Commune- Grands bancs près des coraux	2-15m

ESPÈCE	Sites d'observation	Abondance et présence	Profondeur
Chromis vanderbilti (Fowler, 1941)	1,2,4,9,10,11,13,17,18, 21,22,23,24,26,31, 34,35,36	Commune- rassemblements au-dessus des coraux	2-20m
Chromis viridis (Cuvier, 1830)	2,4,7,8,9,11,14,15,16, 17,18,21,22,23,24,25, 26,27,28,29,30,31,32,33, 35,37,38,39, 40,41,42	Abondante- bancs au-dessus de fourrés de coraux	2-20m
Chromis weberi (Fowler & Bean, 1928)	2,3,6,10,17,18,19,21,22, 26,31,36	Occasionnelle- solitaire ou petits groupes	2-20m
Chromis xanthachira (Bleeker, 1851)	3,9	Rare- solitaire ou formants groupes	10-48m
Chromis xanthura (Bleeker, 1854)	1,2,4,5,16,18,21,31,34	Occasionnelle- groupes	3-40m
Chrysiptera biocellata (Quoy & Gaimard, 1824)	2,3,822,23,24,26,29,34, 35,36,37,38,42	Occasionnelle- gravats ou affleurements rocheux	jusqu'à5m
Chrysiptera brownriggii (Bennett, 1828)	1,9,23,24,27,28,31,34, 35,36,37	Occasionnelle- solitaire ou groupes	jusqu'à12m
Chrysiptera rex (Snyder, 1909)	1,2,3,4,5,7,8,9,10,11, 12,13,14,15,16,17,18, 19,21,22,23,24,26,27, 28,29,30,31,3233,34, 35,36,37,38,41,42	Commune- solitaire ou groupes	jusqu'à6m
Chrysiptera rollandi (Whitley, 1961)	1,2,4,5,6,7,8,9,11,12, 13,18,19,23,27,28,29, 31,32,33,38,40,41,42	Commune- près du substrat	2-35m
Chrysiptera starcki (Allen, 1973)	1,2,6,18,28	Rare- affleurements rocheux et crevasses	25-52m
Chrysiptera taupou (Jordan & Seale, 1906)	3,5,6,7,8,9,10,11,12,13 ,14,15,18,19,21,22,23, 24,25,26,27,28,29,303 1,32,33,34,36,37,38, 39,40,41,42	Commune- solitaire ou groupes	jusqu'à5m
Dascyllus aruanus (Linnaeus, 1758)	5,6,7,14,19,23,25,27, 28,29,30,32,33,37,39, 40,41,42	Commune- groupes parmi les coraux en branches	jusqu'à12m
Dascyllus reticulatus (Richardson, 1846)	2,3,4,5,6,9,12,13,14,16, 17,18,19,21,22,23, 24,25, 27,28,29,30,31,36,37,42	Commune- groupes parmi les coraux en branches	jusqu'à50m
Dascyllus trimaculatus (Rüppell, 1828)	3,5,6,7,8,9,18,21,22,23, 24,26,27,28,31,32,	Commune- groupes près des têtes de corail ou	3-40m
D. trimaculatus (Rüppell, 1828) (cont.)	33,34,36,37,38,40	anémones	
Dischistodus melanotus (Bleeker, 1853)	40	Rare- solitaire	jusqu'à10m
Hemiglyphidodon plagiometopon (Bleeker, 1852)	24,28,33,39,41	Rare- brouteur d'algues	jusqu'à20m
Lepidozygus tapeinosoma (Bleeker, 1856)	13,17	Rare- groupes se nourrissant à mi-profondeur	5-25m
Neoglyphidodon melas (Cuvier, 1830)	5,7,15,16,19,24,25,26,29 ,30,32,33,37,39, 40,41	Commune- solitaire	jusqu'à12m
Neoglyphidodon nigroris (Cuvier, 1830)	5,7,8,9,11,12,13,14,15, 25,28,32,39,41,42,	Occasionnelle- solitaire ou groupes lâches	2-23m
Neoglyphidodon polyacanthus (Ogilby, 1889)	3	Rare- solitaire ou groupes	2-30m
Neopomacentrus azysron (Bleeker, 1877)	5,8,9,11,13,14,15,23,25 ,28,30,32,33,35, 37,39,42	Commune- bancs au-dessus des fourrés de coraux	jusqu'à12m
Neopomacentrus bankieri (Richardson, 1846)	8	Rare- bancs	3-12m

ESPÈCE	Sites d'observation	Abondance et présence	Profondeur
Neopomacentrus nemurus (Bleeker, 1857)	1,4,8,19,23,27,28,29,30, 35,39,41,42	Occasionnelle- bancs au-dessus des fourrés de coraux	jusqu'à10m
Neopomacentrus violascens (Bleeker, 1848)	4,5,7,15,26,27,32,33, 35,42	Occasionnelle- bancs	5-25m
Parma polylepis (Günther, 1862)	3	Rare- solitaire	1-30m
Plectropglyphidodon dicki (Liènard, 1839)	1,2,3,4,7,8,11,15,16,18, 19,21,22,23,24,25, 26,27, 31,33,34,35,38,40,41,42	Commune- solitaire ou groupes	jusqu'à12m
Plectroglyphidodon imparipennis (Vaillant & Sauvage, 1875)	34	Rare- faibles profondeurs balayées par les vagues	jusqu'à3m
Plectroglyphidodon johnstonianus (Fowler & Ball, 1924)	1,2,5,9,11,12,16,18, 19,29,	Occasionnelle- solitaire ou groupes dans les coraux	2-12m
Plectroglyphidodon lacrymatus (Qouy & Gaimard, 1824)	1,2,3,4,5,6,7,8,9,10,11, 12,13,14,15,16,18, 19,22,23,24,25,26,2 7,28,30,32,33,35,36, 37,38,39,40,41,42	Abondante- solitaire ou groupes lâches	2-12m
Plectroglyphidodon leucozonus (Bleeker, 1859)	1,23	Rare- solitaire ou groupes lâches	jusqu'à4m
Pomacentrus adelus (Allen, 1991)	7,8,9,10,12,14,15,19, 22,23,24,25,26,27,28, 29,30,31,32,33,37,38,39, 40,41,42	Commune- solitaire ou groupes lâches	jusqu'à8m
Pomacentrus amboinensis (Bleeker, 1868)	5,6,7,11,13,14,18,19, 21,22,23,24,25,27,28,29, 30,32,36,37,38,39,40,41	Commune- groupes lâches sur les zones sablonneuses	2-40m
Pomacentrus bankanensis (Bleeker, 1853)	1,2,3,47,9,10,11,12, 13,14,16,17,18,19,21,22, 23,24,25,26,27,28,29, 30,32,33,34,35,36,37, 38,41,42	Commune- gravats	jusqu'à12m
Pomacentrus brachialis (Cuvier, 1830)	8,24,25,27,29,32,33, 35,41	Occasionnelle- groupes se nourrissant à mi-profondeur	6-40m
Pomacentrus chrysurus (Cuvier, 1830)	3,5,6,7,10,14,17,22,23, 24,25,26,27,28,29, 30,31 ,32,33,36,37,39,40,42	Commune- solitaire ou groupes lâches	jusqu'à3m
Pomacentrus coelestis (Jordan & Starks, 1901)	1,2,4,5,11,12,13,17,18, 19,21,22,23,24,27,28, 29, 31,33,34,35,36,37,38,42	Commune- groupes dans les zones de gravats	jusqu'à12m
Pomacentrus grammorhynchus (Fowler, 1918)	29,30,32,33,35,41	Occasionnelle- près de la côte ou lagon	2-12m
Pomacentrus imitator (Whitley, 1964)	1,8,9,11,13,19,24,28,29, 33,39,40,42	Commune- solitaire ou groupes	2-15m
Pomacentrus lepidogenys (Fowler & Ball, 1928)	1,2,4,5,7,8,9,11,12,13, 14,16,18,19,21,22,23, 25,27,28,30,33,34,35,36, 37,40,41,42	Abondante- Groupes	jusqu'à12m
Pomacentrus molluccensis (Bleeker, 1853)	4,5,6,7,8,9,11,12,13, 14,15,16,18,21,22,23,25, 27,28,29,30,31,32,33,37, 38,39,40,42	Abondante- groupes sur les parcelles vivantes de corail	jusqu'à14m
Pomacentrus nagasakiensis (Tanaka, 1917)	2,3,6,13,18,19,33	Occasionnelle- zones sablonneuses près des rochers	5-30m

ESPÈCE	Sites d'observation	Abondance et présence	Profondeur
Pomacentrus pavo (Bloch, 1787)	6,14,17,19,22,23,24, 25,26,27,29,31,32,34,36, 37,38,39,40,41,42	Commune- groupes	jusqu'à16m
Pomacentrus philippinus (Evermann & Seale, 1907)	1,2,4,5,8,9,11,12,13,16 ,18,21,23,24,34,35,36, 38,40,41	Commune- solitaire ou groupes	jusqu'à12m
Pomacentrus smithi (Fowler & Bean, 1928)	19,41	Rare- bancs	2-14m
Pomacentrus vaiuli (Jordan & Seale, 1906)	1,2,3,4,5,6,7,9,11,12, 13,16,18,19,22,23,24, 25,26,31,36,37,38,42	Commune- solitaire ou groupes lâches	3-45m
Stegastes albifasciatus (Schlegel & Müller, 1839-44)	3,22,25,27,31,33,36,37 ,38,40	Occasionnelle- solitaire ou groupes dans les gravats	jusqu'à2m
Stegastes fasciolatus (Ogilby, 1889)	1,2,3,4,5,7,8,9,10,11, 12,13,14,15,16,19,21, 22,23,24,25,26,27,28, 29,30,31,32,33,34,35, 36,37,38,39,40,41,42	Commune- solitaire ou groupes lâches	jusqu'à5m
Stegastes gascoynei (Whitley, 1964)	1,2,4,11,30,33,35	Occasionnelle- solitaire ou groupes lâches	2-30m
Stegastes lividus (Forster in Bloch & Schneider, 1801)	19,22,23,24,25,27,28, 30,31,32,33,36,37,38, 39,40,41	Commune- brouteur d'algues sur le corail mort	jusqu'à5m
Stegastes nigricans (Lacepède, 1802)	7,19,22,23,24,25,26, 27,29,30,31,32,33,36, 37,39,40,41	Commune- brouteur d'algues sur le corail mort	jusqu'à10m
SPHYRAENIDAE			
Sphyraena barracuda (Walbaum, 1792)	7,21	Rare- solitaire ou petits groupes	jusqu'à15m
LABRIDAE			
Anampses caeruleopunctatus (Rüppell, 1829)	3,5,10,11,14,18,23,24,25 ,27,30,31,32,34, 35,39	Commune- solitaire ou couples	jusqu'à30m
Anampses femininus (Randall, 1972)	1,2,4,5,14,15,34	Rare- petits groupes	10-30m
Anampses geographicus (Valenciennes, 1840)	1,2,3,9,10,11,12,13,14, 16,18,21,23,24,25,26,	Commune- solitaire	jusqu'à25m
A. geographicus (Valenciennes, 1840) (cont.)	27,34,36,38,39,40,41,42		
Anampses melanurus (Bleeker, 1857)	12,34	Rare- solitaire ou couples	jusqu'à30m
Anampses meleagrides (Valenciennes, 1840)	1	Rare- solitaire ou petits groupes	4-60m
Anampses neoguinaicus (Bleeker, 1878)	1,2,3,4,6,7,8,9,10,11, 12,13,14,15,16,18,19, 21,22,23,24,25,26,27, 28,31,32,33,34,35,36, 37,38,39,40,41,42	Abondante- solitaire	4-30m
Anampses twistii (Bleeker, 1856)	2,4,18,24,34	Rare- solitaire ou couples	3-30m
Bodianus axillaris (Bennett, 1831)	2,4,5,6,7,9,10,11,12, 13,14,16,18,19,21,23, 25,26,27,28,29,30,31,32, 34,35,36,38,41,42	Commune- solitaire	2-40m
Bodianus diana (Lacepède, 1801)	1	Rare- solitaire ou couples	6-25m
Bodianus loxozonus (Snyder, 1908)	1,2,7,10,11,13,16,17,18,2 3,25,26,28,31,34,35	Commune- solitaire	3-40m
Bodianus perditio (Quoy & Gaimard, 1834)	5,8,9,10,11,12,26,31	Occasionnelle- solitaire	13-40m

ESPÈCE	Sites d'observation	Abondance et présence	Profondeur
Cheilinus chlororurus (Bloch, 1791)	4,5,7,8,9,10,11,12,13,14, 15,16,19,21,22,23, 24,25 ,26,27,28,29,30,31,32,33 ,34,35,36,37, 39,40,41,42	Commune- solitaire	2-30m
Cheilinus fasciatus (Bloch, 1791)	4,5,7,8,11,13,16,18, 21,23,25,26,28,29,30,32, 33,34,35,39,40,41,42	Commune- solitaire	3-40m
Cheilinus trilobatus (Lacepède, 1801)	1,2,3,5,7,8,9,10,11,13, 14,16,18,21,22,23,24, 25,26,27,28,29,30,32,34, 35,36,37,39,40, 41,42	Commune- solitaire	jusqu'à30m
Cheilinus undulatus (Rüppell, 1835)		l'information non disponible	
Cheilio inermis (Forsskål, 1775)	21,22,23,24,27,31,32,33, 34,38,40,41,42	Occasionnelle- solitaire ou avec plusieurs femelles	jusqu'à30m
Choerodon jordani (Snyder, 1908)	11,13,18	Rare- solitaire ou petits groupes	20-40m
Choerodon fasciatus (Günther, 1867)	2,5,7,8,9,11,12,13,15, 34,35	Occasionnelle- solitaire	jusqu'à15m
Choerodon graphicus (De Vis, 1885)	37,40,41,42	Rare- solitaire	2-30m
Cirrhilabrus exquisitus (Smith, 1957)	17,26,31,35	Rare- solitaire ou groupes	5-35m
Cirrhilabrus punctatus (Randall & Kuiter, 1989)	1,2,4,5,6,7,8,9,11,12, 13,16,18,19,26,27,29, 31,40,41,42	Commune- solitaire ou petits groupes	2-32m
Coris aygula (Lacepède, 1801)	1,2,3,6,7,8,9,10,12,17,1 8,19,21,22,23,24,25,	Commune- solitaire	2-30m
Coris batuensis (Bleeker, 1857)	2,4,5,6,7,9,11,13,14,15, 17,22,23,24,25,26,27, 30, 31,32,33,3739,40,41,42	Commune - solitaire, sable et gravats	jusqu'à30m
Coris dorsomacula (Fowler, 1908)	2,3,4,5,9,10,11,12,13,16, 17,22,24,26,31,36,37	Commune- solitaire, sable et gravats	5-25m
Coris gaimard (Quoy & Gaimard, 1824)	2,3,5,7,9,10,11,17,18, 22,23,24,26,27,31,34, 36,38,41,42	Commune- solitaire, sable et gravats	3-50m
Cymolutes praetextatus (Quoy & Gaimard, 1834)	22,30	Rare- solitaire, sable ou herbes	2-10m
Cymolutes torquatus (Valenciennes, 1840)	22,41	Rare- solitaire, sable près des récifs	2-15m
Epibulus insidiator (Pallas, 1770)	1,2,5,6,7,9,11,13,16,18, 21,22,23,26,28,29,30, 31, 32,33,34,35,39,40,41,42	Commune- solitaire	jusqu'à42m
Gomphosus varius (Lacepède, 1801)	1,2,3,4,5,6,7,8,9,10, 11,12,13,14,15,16,18,19, 21,22,23,24,25,26,27, 28,29,30,31,32,33,34, 35,36,37,38,39,40,41,42	Abondante- solitaire	jusqu'à35m
Halichoeres argus (Bloch & Schneider, 1801)	14,15,25,27,28,29,30,33, 37,39,40	Occasionnelle- groupes	jusqu'à5m
Halichoeres biocellatus (Schultz, 1960)	1,2,4,11,13,16,18,24	Rare- petits groupes	6-35m
Halichoeres chrysus (Randall, 1981)	1,2,6,17,31	Rare- petits groupes, sable et gravats	jusqu'à60m

ESPÈCE	Sites d'observation	Abondance et présence	Profondeur
Halichoeres hortulanus (Lacepède, 1801)	1,2,3,4,5,6,7,8,9,10, 11,12,13,14,15,16,18,19, 21,22,23,24,25,26,27, 28,30,31,32,33,34,35, 36,37,38,39,40,41,42	Abondante- solitaire	jusqu'à35m
Halichoeres margaritaceus (Valenciennes, 1839)	1,3,4,7,10,14,15,17, 19,21,222,23,24,29,31, 33,34,36,37,38,40,41,42	Commune- groupes, plateaux des récifs	jusqu'à3m
Halichoeres marginatus (Rüppell, 1835)	1,2,3,7,8,9,10,11,12, 13,14,15,21,22,23,24, 25,26,27,28,30,31,33,34, 35,36,37,38,39,40, 41,42,	Commune- solitaire ou petits groupes	jusqu'à30m
Halichoeres melanurus (Bleeker, 1851)	6,7,8,14,15,19,22,24, 25,27,28,29,30,32,33, 37,40,41,42	Commune- solitaire ou petits groupes	jusqu'à15m
Halichoeres miniatus (Valenciennes, 1839)	23,25,26,27,39	Rare- solitaire ou petits groupes	
Halichoeres ou natissimus (Garrett, 1863)	2,3,9,16,17,18,21,26,31, 34,35,36,38	Occasionnelle- solitaire	10-40m
Halichoeres prosopeion (Bleeker, 1853)	2,4,5,6,7,9,11,12,13,18, 23,27,28,32,34,40	Occasionnelle- solitaire ou groupes	2-40m
Halichoeres richmondi (Fowler & Bean, 1928)	5,6,7,8,9,11,15,19,23,27, 28,29,32,33,39,40,41	Commune- solitaire ou groupes	jusqu'à15m
Halichoeres trimaculatus (Quoy & Gaimard, 1834)	3,6,7,17,19,21,22,23, 24,25,26,27,29,31,32, 33,36,37,38,39,40,41,42	Commune- solitaire ou groupes	jusqu'à18m
Halichoeres zeylonicus (Bennett, 1823)	13,17,41	Rare- petits groupes sur le sable ou les gravats	10-40m
Hemigymnus fasciatus (Bloch, 1792)	1,2,4,5,6,7,8,9,10,11, 12,13,14,15,16,18,21, 23,25,26,31,32,33,34,35, 37,38,39,40,41,42	Commune- solitaire ou petits groupes	jusqu'à25m
Hemigymnus melapterus (Bloch, 1791)	2,5,7,8,10,14,15,16,18, 19,21,22,23,24,25,26,	Commune- solitaire	jusqu'à30m
H. melapterus (Bloch, 1791) (cont.)	27,28,29,30,31,32,33,34, 35,37,39,40,41,42		
Hologymnosus annulatus (Lacepède, 1801)	3,7,10,16,18,22,23,27, 33,35,36	Occasionnelle- solitaire	8-40m
Hologymnosus doliatus (Lacepède, 1801)	2,7,10,18,26,31,35,42	Occasionnelle- solitaire	jusqu'à30m
Iniistius pentadactylus (Linaeus, 1758)	30	Rare- solitaire ou groupes lâches	jusqu'à30m
Labrichthys unilineatus (Guichenot, 1847)	1,5,7,8,9,11,14,15,16, 18,19,25,29,30,32,37, 39,40,41,42	Commune- solitaire ou petits groupes	jusqu'à20m
Labroides bicolor (Fowler & Bean, 1928)	2,6,7,9,11,12,13,16,18 ,21,23,27,28,29,31,32, 33,34,35,38,40,41	Commune- solitaire ou couples	2-25m
Labroides dimidiatus (Valenciennes, 1839)	1,2,3,4,5,6,7,8,9,11, 13,14,15,16,17,18,19,21, 22,23,24,25,26,27,28, 30,31,32,33,34,35,36, 37,38,40,41	Abondante- solitaire ou couples	2-40m
Labroides pectoralis (Randall & Springer, 1975)	2	Rare- solitaire	2-28m

ESPÈCE	Sites d'observation	Abondance et présence	Profondeur
Labropsis australis (Randall, 1981)	1,4,5,6,7,8,11,12,13,16, 18,21,25,28,32,40,41	Commune- solitaire ou couples	2-55m
Labropsis xanthonota (Randall, 1981)	1,2,4,8	Rare- solitaire	7-55m
Macropharyngodon kuiteri (Randall, 1978)	31	Rare -solitaire ou petits groupes	
Macropharyngodon meleagris (Valenciennes, 1839)	2,4,5,10,11,12,18,22,27, 31,35,36,40,42	Occasionnelle- solitaire ou petits groupes	4-60m
Macropharyngodon negrosensis (Herre, 1932)	5,6,9,13,17,18,19,26, 31,41,42	Occasionnelle- solitaire ou petits groupes	8-32m
Novaculichthys taeniourus (Lacepède, 1801)	10,16,17,25,26,27,31,33, 34,36,37,38,39, 41,42	Commune- solitaire	jusqu'à20m
Oxycheilinus bimaculatus (Valenciennes, 1840)	7,9,11,17,22,26,30,31, 40,41	Occasionnelle- petits groupes	2-100m
Oxycheilinus diagrammus (Lacepède, 1801)	2,4,5,6,7,8,9,11,12,13, 15,16,19,21,27,29,33, 34,35,36,40,41,42	Commune- solitaire	3-60m
Oxycheilinus unifasciatus (Streets, 1877)	1,2,7,21,35	Rare- solitaire	jusqu'à60m
Oxycheilinus rhodochorous (Günther, 1867)	8,9,12,18,24,25,26,32,38	Occasionnelle- solitaire	10-45m
Pseudocheilinus evanidus (Jordan & Evermann, 1903)	1,4,6,13,16,17,26,36	Occasionnelle- solitaire	6-40m
Pseudocheilinus hexataenia (Bleeker, 1857)	1,2,3,4,5,6,7,8,9,10,11, 13,15,16,18,22,23,24, 25,27,29,32,35,36,37,3 8,40,42	Commune- solitaire ou petits groupes	2-35m
Pseudocheilinus octotaenia (Jenkins, 1900)	1,2,3,16,21,38,42	Rare- solitaire	2-50m
Pseudocoris yamashiroi (Schmidt, 1930)	18	Rare- rassemblements au-dessus du fond	5-30m
Pseudodax mollucanus (Valenciennes, 1839)	2,26,27	Rare- solitaire	3-40m
Pteragogus cryptus (Randall, 1981)	8,18	Rare- solitaire	jusqu'à67m
Stethojulis bandanensis (Bleeker, 1851)	1,2,3,4,5,6,7,9,10,11, 12,13,14,15,16,18,19, 21,22,23,24,25,26,27,28, 29,30,31,32,33,34,	Abondante- groupes	jusqu'à20m
S. bandanensis (Bleeker, 1851) (cont.)	35,36,37,38,39,40,41,42		
Stethojulis notalis (Randall, 2000)	8,17,19,22,29,30,33,39 ,40,41	Occasionnelle- petits groupes	jusqu'à6m
Stethojulis strigiventer (Bennett, 1832)	22,23,24,25,27,28,29,30, 32,32,37,39,40	Occasionnelle- groupes	jusqu'à3m
Stetholulis interrupta (Bleeker, 1851)	10,15,19,38	Rare- groupes	jusqu'à3m
Stethojulis trilineata (Bloch & Schneider, 1801)	13	Rare- solitaire	jusqu'à8m
Thalassoma amblycephalum (Bleeker, 1856)	1,2,3,5,6,7,9,11,13,14, 17,18,19,21,22,23,24, 25,26,27,28,29,30,31,32, 33,34,35,37,41,42	Abondante- groupes	jusqu'à15m
Thalassoma hardwicke (Bennett, 1828)	1,2,3,4,5,7,8,10,11,13, 15,18,19,21,22,23,24, 25,26,27,28,29,30,31, 32,33,34,35,36,37,39, 40,41,42	Abondante- groupes	jusqu'à15m

ESPÈCE	Sites d'observation	Abondance et présence	Profondeur
Thalassoma janseni (Bleeker, 1856)	1,2,3,4,5,8,9,10,11,12, 13,14,15,16,17,18,19, 21,22,23,24,25,26,27, 28,29,30,31,32,33,34, 35,36,37,40,41,42	Abondante- groupes	jusqu'à10m
Thalassoma lunare (Linnaeus, 1758)	1,2,4,5,6,7,8,9,13,14, 15,16,17,18,19,21,22, 23,24,25,27,28,29,31,32, 33,38,39,40,41,42	Abondante- groupes	jusqu'à20m
Thalassoma lutescens (Lay & Bennett, 1839)	1,2,4,5,9,10,11,12,13,18, 21,22,23,24,25,26, 31,33, 34,35,36,37,38,40,41,42	Abondante- groupes	jusqu'à30m
Thalassoma quinquevittatum (Lay & Beennett, 1839)	1,4,9,11,12,13,15,19, 21,22,25,26,27,30,32, 33,34,35,41	Commune- groupes	jusqu'à5m
Thalassoma trilobatum (Lacepède, 1801)	1,2,4,6,7,9,11,13,19,21, 35,41,42	Occasionnelle- solitaire	jusqu'à5m
SCARIDAE			
Bolbometopon muricatum (Valenciennes, 1840)	1,2,4,7,16,21,23,26,35	Occasionnelle- solitaire ou petits groupes	jusqu'à40m
Cetoscarus bicolor (Rüppell, 1829)	1,2,4,5,7,9,13,17,18,21 ,23,25,26,28,29,31,32, 33,34,35,42	Commune –généralement au sein de groupes de femelles	jusqu'à30m
Chlororus bleekeri (de Beaufort, 1940)	7,18,21,32,33,39	Rare- solitaire ou petits groupes	3-35m
Chlororus japanensis (Bloch, 1789)	8,9,10,11,13,15,35	Rare- solitaire	jusqu'à20m
Chlororus microrhinos (Bleeker, 1854)	1,2,4,5,6,7,8,9,11,12, 13,15,18,19,21,23,25, 26,28,31,33,34,35,36,37, 39,40,41,42	Commune- solitaire à petits groupes	jusqu'à50m
Chlororus sordidus (Forsskål, 1775)	1,2,3,4,5,6,7,8,910,12, 13,14,16,17,18,19,21, 22,23,24,25,26,27,28, 29,30,31,32,33,34,35, 36,37,38,39,40,41,42	Abondante- solitaire à grands groupes	jusqu'à30m
Hipposcarus longiceps (Valenciennes, 1840)	1,2,6,9,11,12,13,16,17 ,21,22,23,24,25,26,27, 31,32,33,34,35,37,38,39, 40,41,42	Commune- solitaire ou petits groupes	2-40m
Leptoscarus vaigiensis (Quoy & Gaimard, 1824)	22,26	Rare- groupes dans les lits d'herbes marines	jusqu'à10m
Scarus altipinnis (Steindachner, 1879)	1,2,4,7,9,10,11,12,14, 15,16,17,18,19,21,22, 23,24,25,2631,32,34,35, 36,37,38,39,40,41	Abondante- grands rassemblements	jusqu'à30m
Scarus chameleon (Choat & Randall, 1986)	2,4,7,8,9,10,11,12,13,14, 15,16,18,19,21,22, 24,25 ,26,27,28,29,30,31,32,33 ,34,36,37,38, 39,40,41,42	Abondante- petits à grands groupes	jusqu'à35m
Scarus dimidiatus (Bleeker, 1859)	16,17,25,31,40,41	Rare- solitaire à petits groupes	jusqu'à25m
Scarus flavipectoralis (Schultz, 1958)	13,19,24,25,28,29,32	Rare- solitaire ou groupes	8-40m
Scarus forsteni (Bleeker, 1861)	2,3,9,11,16,18,21,26, 31,40,42	Occasionnelle- solitaire ou petits groupes	3-20m

ESPÈCE	Sites d'observation	Abondance et présence	Profondeur
Scarus frenatus (Lacepède, 1802)	2,4,7,9,10,13,15,18,19 ,21,24,26,28,30,33,34, 35,40,41,42	Commune- solitaire	jusqu'à25m
Scarus ghobban (Forsskål, 1775)	6,8,13,15,17,18,22,23, 24,25,27,28,30,31,32,	Commune- solitaire	2-30m
Scarus globiceps (Valenciennes, 1840)	1,3,4,6,7,8,9,10,11,13,1 4,15,16,19,21,22,23, 24, 26,27,28,29,30,31,32,33 ,34,35,36,37,38, 39,41,42	Abondante- solitaire à grands groupes	jusqu'à30m
Scarus niger (Forsskål, 1775)	1,2,4,5,6,7,8,9,11,12, 13,14,15,16,18,19,21, 23,24,25,26,27,28,29, 30,31,32,33,34,35,36, 37,38,39,40,41	Abondante- solitaire à grands groupes	jusqu'à20m.
Scarus oviceps (Valenciennes, 1840)	2,8,9,10,11,13,18,26, 34,35,41	Occasionnelle- solitaire	jusqu'à20m
Scarus psittacus (Forsskål, 1775)	1,2,3,4,6,10,11,13,18, 21,22,23,24,26,27,31, 32,34,35,36,37,38,39,40	Commune- solitaire à groupes	2-25m
Scarus quoyi (Valenciennes, 1840)	6,7,9,10,16,25,30	Rare- solitaire ou petits groupes	2-18m
Scarus rivulatus (Valenciennes, 1840)	3,4,6,7,8,10,11,12,13, 14,15,17,18,19,21,22, 23,24,25,26,27,28,29, 30,31,32,33,34,35,36, 37,38,39,40,41,42	Abondante- solitaire à grands groupes	jusqu'à20m
Scarus rubroviolaceus (Bleeker, 1847)	1,2,3,8,9,10,11,12,13, 15,16,17,18,19,21,23, 24,26,31,34,35,36	Commune- solitaire ou couples	jusqu'à30m
Scarus schlegeli (Bleeker, 1861)	1,2,3,4,5,6,7,8,9,10, 11,12,13,15,16,17,18,19, 21,22,23,24,25,26,27, 29,31,32,33,34,35,36, 39,40,41,42	Abondante- solitaire ou groupes	jusqu'à50m
Scarus spinus (Kner, 1868)	1,2,7,8,12,13,21,34,35, 41,42	Occasionnelle- solitaire	2-25m
PINGUIPEDIDAE			
Parapercis clathrata (Ogilby, 1911)	3,4,5,10,11,17,22,26,27, 28,30,31,36,42	Occasionnelle- solitaire ou petits groupes	3-50m
Parapercis cylindrica (Bloch, 1797)	3,5,15,17,19,26,27,40,41	Occasionnelle- solitaire ou petits groupes	jusqu'à20m
Parapercis hexophthalma (Cuvier, 1829)	3,4,5,6,7,9,11,13,14, 15,16,17,18,19,2,1,22, 23,24,26,31,32,36,37,38, 39,40,41,42	Commune- solitaire ou groupes lâches	8-25m
Parapercis miilipunctata (Günther, 1860)	3,10,11,22,23,24,26,27, 30,31,34,35	Occasionnelle- solitaire ou petits groupes	4-30m
Parapercis multiplicata (Randall, 1984)	26	Rare- solitaire ou petits groupes	25-40m
Parapercis schauinslandi (Steindachner, 1900)	26	Rare- solitaire ou groupes	10-50m
Parapercis xanthozona (Bleeker, 1849)	8,22,28	Rare- solitaire ou petits groupes	2-20m
BLENNIIDAE			
Aspidontus dussemieri (Valenciennes, 1836)	17,37	Rare- solitaire	jusqu'à20m
Aspidontus taeniatus (Quoy & Gaimard,1834)	8,35,37,38	Rare- solitaire	jusqu'à25m

ESPÈCE	Sites d'observation	Abondance et présence	Profondeur
Atrosalarias fuscus (Rüppell, 1835)	1,3,5,12,13,17,19,22,25, 26,32,33,34,37,39,42	Occasionnelle- solitaire	2-12m
Blenniella periophthalmus (Valenciennes, 1836)	24,26,33,34,35,36,38,41	Occasionnelle- solitaire ou groupes	intertidal flats
Cirripectes casteneus (Valenciennes, 1836)	1,2,3,4,7,8,9,10,11,12, 13,19,21,22,23,24,25, 26,27,30,31,33,34,35,36, 37,38,40,41,42	Commune- solitaire ou couples	jusqu'à3m
Cirripectes chelomatus (Williams & Maugé, 1983)	18,34,35,37,39	Rare- solitaire ou petits groupes	jusqu'à3m
Cirripectes polyzona (Bleeker, 1868)	38	Rare- solitaire	jusqu'à5m
Cirripectes stigmaticus (Strasburg & Schultz, 1953)	1,2,3,4,5,7,8,9,10,11,12,1 3,14,15,16,18,19, 21, 22,23,24,25,26,27,29,30 ,31,32,33,35,36, 38,40,41	Commune- solitaire ou petits groupes lâches	jusqu'à20m
Ecsenius australianus (Springer, 1988)	1,5,8,11,31	Rare- solitaire ou petits groupes	3-22m
Ecsenius bicolor (Day, 1888)	6,17,19,22,26,29,32, 40,41	Occasionnelle- solitaire	jusqu'à25m
Ecsenius isos (McKinney & Springer, 1976)	8,9,12,13,32,40	Rare- solitaire	jusqu'à4m
Ecsenius midas (Starck, 1969)	17	Rare- rassemblements pour se nourrir	2-30m
Exallias brevis (Kner, 1868)	8,25,34,40	Rare- solitaire	3-20m
Meiacanthus atrodorsalis (Günther, 1877)	1,2,4,5,6,7,8,9,11,12, 13,14,15,16,18,23,24, 25,26,27,28,29,30,31,32, 33,38,39,40,41,42	Commune- solitaire ou couples	jusqu'à30m
Meiacanthus ditrema (Smith-Vaniz, 1976)	7,8,11,12,13,32,42	Rare- rassemblements	3-20m
Petroscirtes breviceps (Valenciennes, 1836)	17	Rare- solitaire	jusqu'à15m
Plagiotremus laudandus (Whitley, 1961)	4,5,6,7,9,13,16,18,19,27, 28,31,33,38,40,41	Occasionnelle- solitaire	jusqu'à30m
Plagiotremus rhinorhynchos (Bleeker, 1852)	1,2,6,8,17,18,19,21, 22,23,24,26,28,29,31,32, 34,37,39,40,41	Commune- solitaire	jusqu'à40m
Plagiotremus tapeinosoma (Bleeker, 1857)	1,2,3,6,7,8,12,17,19,21 ,22,23,26,28,29,30,31, 32,33,34,36,37,40,41,42	Commune- solitaire	1-20m
Salarias alboguttatus (Kner, 1867)	35	Rare- solitaire	jusqu'à8m
Salarias fasciatus (Bloch, 1786)	21,24,25,33,41,42	Rare- solitaire	jusqu'à8m
CALLIONYMIDAE			
Synchiropus ocellatus (Pallas, 1770)	26	Rare- solitaire ou petits groupes	jusqu'à30m
GOBIIDAE			
Amblyeleotris guttata (Fowler, 1938)	5,9,11,13,16,25,26,27	Occasionnelle- partage son terrier avec des crevettes	jusqu'à12m
Amblyeleotris periophthalma (Bleeker, 1853)	9,11,15,19	Rare- partage son terrier avec des crevettes	3-35m
Amblyeleotris steinitzi (Klausewitz, 1974)	13,17,31,39,40	Rare- partage son terrier avec des crevettes	6-35m
Amblyeleotris wheeleri (Polunin & Lubbock, 1977)	5,10,16,26,34,39	Rare- partage son terrier avec des crevettes	6-35m
Amblygobius decussatus (Bleeker, 1855)	28,32	Rare- solitaire ou couples	3-25m
Amblygobius nocturnus (Herre, 1945)	8,15,28,30,39	Rare- solitaire ou couples	3-25m

ESPÈCE	Sites d'observation	Abondance et présence	Profondeur
Amblygobius phalaena (Valenciennes, 1837)	1,5,7,14,15,19,23,24, 25,26,27,28,29,30,31, 32,36,37,38,39,40	Commune- solitaire ou couples	jusqu'à20m
Amblygobius rainfordi (Whitley, 1940)	5,6,7,8,9,11,13,18,23,25, 28,29,32,39,40,42	Occasionnelle- solitaire ou petits groupes	3-30m
Cryptocentrus strigilliceps (Jordan & Seale, 1906)	15,28,30,32,37,39	Rare- partage son terrier avec des crevettes	jusqu'à10m
Ctenogobiops aurocingulus (Herre, 1935)	6,8,15	Rare- partage son terrier avec des crevettes	2-20m
Ctenogobiops crocineus (Smith, 1959)	15,28	Rare- partage son terrier avec des crevettes	jusqu'à15m
Ctenogobiops feroculus (Lubbock & polunin, 1977)	19,23,27,31,36,37,39,40	Occasionnelle- partage son terrier avec des crevettes	1-10m
Ctenogobiops pomastictus (Lubbock & Polunin, 1977)	23,37	Rare- partage son terrier avec des crevettes	2-25m
Eviota nigriventris (Giltay, 1933)	19,39	Rare- groupes parmi *Acropora* spp.	4-20m
Eviota pellucida (Larson, 1976)	5	Rare- solitaire ou petits groupes	3-20m
Eviota queenslandica (Whitley, 1932)	12,17,36,40	Rare- solitaire ou petits groupes	jusqu'à6m
Eviota sebreei (Jordan & Seale, 1906)	7	Rare- petits groupes	jusqu'à20m
Exyrias bellissimus (Smith, 1959)	28,29	Rare- solitaire ou groupes	jusqu'à30m
Fusigobius inframaculatus (Randall, 1994)	15	Rare- solitaire ou petits groupes	jusqu'à20m
Gnatholepis anjerensis (Bleeker, 1851)	31,32	Rare- solitaire ou groupes	jusqu'à46m
Gnatholepis cauerensis (Bleeker, 1853)	11,17,19,23,29,32,36, 37,38,42	Occasionnelle- solitaire ou groupes	3-50m
Gobiodon axillaris (de Vis,1884)	12	Rare- solitaire ou petits groupes	10 15m
Gobiodon citrinus (Rüppell, 1838)	12	Rare- solitaire	10 15m
Gobiodon histrio (Valenciennes, 1837)	8,11,12,13,18,30,32,35, 36,39,40,41	Occasionnelle- solitaire	1-15m
Gobiodon okinawae (Sawada, Arai & Abe, 1973)	29	Rare- petits groupes	2-15m
Gobiodon quinquestrigatus (Valenciennes, 1837)	9	Rare- solitaire ou couples	1-15m
Gobiodon rivulatus (Rüppell, 1830)	14,18	Rare- solitaire	1-15m
Gobiodon unicolor (Castelnau, 1853)	14	Rare- solitaire	1-15m
Istigobius decoratus (Herre, 1927)	6,7,11,12,13,15,22,25, 28,29,30,32,37,39, 41,42	Commune- solitaire	jusqu'à25m
Istigobius goldmani (Bleeker, 1852)	40	Rare- solitaire	jusqu'à10m
Istigobius ou natus (Rüppell, 1830)	28,29	Rare- solitaire ou groupes	jusqu'à2m
Istigobius rigilius (Herre, 1953)	26,27,28,31,32,37,38, 40,41,42	Occasionnelle -solitaire	jusqu'à30m
Paragobiodon melanosomus (Bleeker, 1852)	12,16,18,26,34,35,36,37	occasionnelle- solitaire	1-15m
Trimma benjamini (Winterbottom, 1996)	1,7,9	Rare- solitaire	5-50m
Trimma grammistes (Tomiyama, 1936)	12	Rare-	10m
Valenciennea helsdingenii (Bleeker, 1856)	17	Rare- couples	5-40m
Valenciennea longipinnis (Lay & Bennett, 1839)	22,23,26,28,37,39	Rare- couples	jusqu'à6m
Valenciennea muralis (Valenciennes, 1837)	13	Rare- couples	jusqu'à15m
Valenciennea puellaris (Tomiyama, 1956)	6,15,17,23,25,29,32,40	Occasionnelle - couples	8-25m
Valenciennea strigata (Broussonet, 1782)	2,3,6,9,13,16,17,18, 19,22,23,26,28,29,31, 33,34,36,37,38,40	Commune- couples	jusqu'à20m

ESPÈCE	Sites d'observation	Abondance et présence	Profondeur
Vanderhorstia ambanoro (Fourmanoir, 1957)	27	Rare- partage son terrier avec des crevettes	4-25m
MICRODESMIDAE			
Nemateleotris decora (Randall & Allen, 1973)	4	Rare- solitaire ou couples	25-68m
Nemateleotris magnifica (Fowler, 1938)	2,11,12,13,16,18,26	Rare- solitaire ou couples	6-60m
Ptereleotris evides (Jordan & Hubbs, 1925)	2,4,5,6,11,12,16,18, 21,22,23,24,25,26,28,29, 30,32,33,34,37,38,41,42	Commune- Couples ou petits groupes	2-25m
Ptereleotris heteroptera (Bleeker, 1855)	17,26	Rare- solitaire, couples ou colonies	7-46m
Ptereleotris microlepis (Bleeker, 1856)	3,17,23,37,38,41	Rare- petites à grandes colonies	jusqu'à22m
Gunnelichthys monostigma (Smith, 1958)	6,22,24,38	Rare- solitaire ou couples	6-20m
ACANTHURIDAE			
Acanthurus albipectoralis (Allen & Ayling, 1987)	1,2,26,35	Rare- solitaire ou petits groupes	5-20m
Acanthurus auranticavus (Randall, 1956)	34,36,40,41,42	Rare- petits groupes	jusqu'à20m
Acanthurus bariene (Lesson, 1830)	13	Rare- solitaire ou couples	6-50m
Acanthurus blochii (Valenciennes, 1835)	1,3,4,5,6,7,9,12,14,15, 16,17,19,21,22,23,24, 25,26,27,28,29,30,31, 32,34,35,36,37,38,39, 40,41,42	Abondante- forme des bancs	2-15m
Acanthurus dussumieri (Valenciennes, 1835)	2,6,7,9,11,13,15,18,21,2 2,24,34,37,39	Occasionnelle- solitaire ou petits groupes	9-131m
Acanthurus lineatus (Linnaeus, 1758)	1,2,4,5,7,8,10,11,12,13 ,14,15,16,21,25,26,28, 30,31,32,34,35,41,42	Commune- solitaire ou groupes lâches	jusqu'à6m
Acanthurus mata (Cuvier, 1829)	2,6,19,35	Rare- groupes	5-25m
Acanthurus nigricans (Linnaeus, 1758)	1,2,21,26,34	Rare- solitaire ou groupes	jusqu'à40m
Acanthurus nigrocauda (Duncker & Mohr, 1929)	4,5,6,7,9,11,13,15,16, 17,18,19,21,22,23,24, 25,26,27,30,31,32,33,36, 37,38,39,40,41,42	Commune- solitaire ou petits groupes	3-30m
Acanthurus nigrofuscus (Forsskål, 1775)	2,3,4,5,6,7,9,10,11,12, 13,14,15,17,19,22,24, 25,27,30,31,32,33,35,36, 37,39,40,42	Abondante- forme des bancs	jusqu'à20m
Acanthurus olivaceus (Forster, 1801)	2,3,10,17,18,26,31,35, 36,38	Occasionnelle- forme des bancs	3-45m
Acanthurus pyroferus (Kittlitz, 1834)	1,2,4,6,13,16,18,21,22, 24,26,34,35,42	Occasionnelle- solitaire	4-60m
Acanthurus thompsoni (Fowler, 1923)	1,2,4,11,19,34	Rare- groupes	4-75m
Acanthurus triostegus (Linnaeus, 1758)	5,8,15,21,22,25,27,28, 29,30,33,34,35,41,42	Occasionnelle- grands bancs	jusqu'à5m
Acanthurus xanthopterus (Valenciennes, 1835)	6,8,9,13,14,15,16,18, 22,23,24,28,29,35,37, 38,39,40,42	Commune- solitaire ou groupes	15-90m
Ctenochaetus binotatus (Randall, 1955)	1,3,4,5,6,7,8,9,10,11, 12,13,14,15,16,17,18, 19,21,22,23,24,25,26, 27,28,29,30,31,32,33, 34,35,36,37,38,39,40,41	Abondante- solitaire ou petits groupes	12-53m

ESPÈCE	Sites d'observation	Abondance et présence	Profondeur
Ctenochaetus striatus (Quoy & Gaimard, 1825)	1,2,3,4,5,6,7,8,9,10, 11,12,13,14,15,16,17,18, 19,21,22,23,24,25,26,27, 28,29,30,31,32,33, 34, 35,36,37,38,39,40,41,42	Abondante- solitaire ou groupes	jusqu'à35m
Ctenochaetus cyanocheilus (Randall & Clements, 2001)	1,2,9,10,15,18,19,21,23, 25,26,28,35,40	Occasionnelle- solitaire ou groupes	jusqu'à35m
Naso annulatus (Quoy & Gaimard, 1825)	7,29,30,37,42	Rare- petits bancs	8-30m
Naso brachycentron (Valenciennes, 1835)	3,10	Rare- petits groupes	8-30m
Naso brevirostris (Valenciennes, 1835)	1,2,4,6,17,18,21,22, 24,25,27,32,33,34,35,37, 38,39,40,41,42	Commune- petits groupes	4-46m
Naso caesius (Randall & Bell, 1992)	4,8,16,18,21,26,27,32, 34,35	Occasionnelle- solitaire ou rassemblements	6-60m
Naso lituratus (Forster, 1801)	1,2,4,5,6,7,9,10,11,12, 13,14,16,17,18,21,23, 24,25,26,27,30,31,32,33, 34,35,37,38,40,41,42	Abondante- solitaire ou petits groupes	jusqu'à70m
Naso tonganus (Valenciennes, 1835)	1,2,6,7,9,10,12,13,16, 17,18,21,22,26,31,32, 34,35,36,37,38	Commune- petits groupes	3-20m
Naso unicornis (Forsskål, 1775)	1,2,3,4,5,6,7,8,9,10,11, 12,13,14,15,16,17,18,	Commune- solitaire ou petits groupes	1-80m
N. unicornis (Forsskål, 1775) (cont.)	19,21,22,23,24,25,26,27, 28,29,30,31,32,33,		
Naso vlamingi (Valenciennes, 1835)	18,21,25,35,41,42	Rare- petits à grands groupes	4-50m
Paracanthurus hepatus (Linnaeus, 1766)	3,17	Rare- solitaire ou groupes	2-25m
Zebrasoma flavescens (Bennett, 1828)	1	Rare- solitaire ou groupes lâches	2-46m
Zebrasoma scopas (Cuvier, 1829)	1,2,4,5,6,7,8,9,11,12, 13,14,15,16,18,19,21, 22,23,24,25,26,28,29, 30,31,32,33,34,35,36, 37,38,40,41,42	Commune- solitaire ou groupes	jusqu'à50m
Zebrasoma veliferum (Bloch, 1797)	2,4,7,8,9,10,11,12,14, 15,16,18,19,21,22,23, 24,25,26,27,28,29,30, 31,32,33,34,35,36,37, 38,39,40,41,42	Commune- Solitaire ou groupes	jusqu'à45m
ZANCLIDAE			
Zanclus cornutus (Linnaeus, 1758)	1,2,4,5,7,8,9,10,12,14,1 5,16,18,19,21,22,23, 24, 25,27,28,29,30,31,32,33 ,34,35,37,38,39, 40,41,42	Commune- solitaire, couples ou groupes	jusqu'à180m
SIGANIDAE			
Siganus argenteus Quoy & Gaimard, 1825)	11,22,24,26,28,32,36,39, 32,33,34,35,39,40,41	Occasionnelle- grands groupes	jusqu'à40m
Siganus corallinus (Valenciennes, 1835)	1,2,4,6,8,9,11,12,13,14, 15,18,21,25,27,30,	Occasionnelle- couples ou petits bancs	jusqu'à18m

ESPÈCE	Sites d'observation	Abondance et présence	Profondeur
Siganus doliatus (Cuvier, 1830)	5,7,8,9,10,11,12,13,14,15 ,18,19,22,23,25,27, 28,29 ,30,32,33,37,39,40,41,42	Commune- couples ou petits groupes	2-15m
Siganus puellus (Schlegel, 1852)	7,8,9,14,15,18,19,23, 25,27,28,29,30,32,33, 34,39,40,42	Commune- couples	3-12m
Siganus punctatus	1,2,4,10,13,16,17,18,19, 21,23,24,25,26,33,	Commune- couples	1-40m
(Forster in Bloch & Schneider, 1801)	34,35,36,37,40		
Siganus spinus (Linnaeus, 1758)	3,8,15,21,22,28,29,31, 34,35,38,39,40,41	Occasionnelle- petits à grands bancs	jusqu'à6m
Siganus vulpinus	4,7,8,9,13,16,18,21,29, 35,41	Occasionnelle- solitaire ou groupes	jusqu'à30m
SCOMBRIDAE			
Euthynnus affinis (Cantor, 1849)	1,11	Rare- bancs dans les eaux côtières	près des récifs
Grammatorcynus bilineatus (Rüppell, 1836)	1,2,9,16,18,21	Occasionnelle - solitaire ou petits groupes	près des récifs
Gymnosarda unicolor (Rüppell, 1838)	2,16	Rare- solitaire ou petits groupes	près des récifs
Scomberomorous commerson (Lacepède, 1800)	1,2,5,11,16,18,21,35	Occasionnelle- solitaire	près des récifs
BOTHIDAE			
Bothus pantherinus (Rüppell, 1830)	23	Rare- dans le sable	jusqu'à250m
BALISTIDAE			
Balistapus undulatus (Park, 1797)	1,7,8,10,12,16,17,18, 21,22,24,26,28,29,30, 31,33,34,38,41	Commune- solitaire	2-50m
Balistoides conspicillum (Bloch & Schneider, 1801)	2,18,21,34	Rare- solitaire	3-30m
Balistoides viridescens (Bloch & Schneider, 1801)	2,16,17,21,23,26,31, 34,35	Occasionnelle- solitaire	3-50m
Melichthys vidua (Solander, 1844)	1,2,4,18	Rare- solitaire ou groupes lâches	2-20m
Odonus niger (Rüppell, 1837)	17	Rare- rassemblements pour se nourrir	5-40m
Pseudobalistes flavimarginatus (Rüppell, 1829)	17,26,31	Rare- solitaire	2-50m
Pseudobalistes fuscus (Bloch & Schneider, 1801)	1,2,4,17,22,23,24,26, 31,38	Occasionnelle- solitaire	jusqu'à50m
Rhinecanthus aculeatus (Linnaeus, 1758)	27,33,37,39,40,41	Occasionnelle- solitaire ou groupes	jusqu'à4m
Rhinecanthus rectangulus (Bloch & Schneider, 1801)	1,9,34,35,42	Rare- solitaire ou groupes	jusqu'à12m
Rhinecanthus verrucosus (Linnaeus, 1758)	42	Rare- solitaire ou groupes lâches	jusqu'à20m
Sufflamen bursa (Bloch & Schneider, 1801)	2,3,4,5,6,7,9,10,11,13, 16,17,18,21,41	Commune- solitaire	3-90m
Sufflamen chrysopterus (Bloch & Schneider, 1801)	2,3,4,5,6,7,9,10,11,17, 18,19,21,22,23,24,25, 26,27,29,31,32,33,34,35, 36,37,38,41	Commune- solitaire	2-30m
Sufflamen fraenatus (Latreille, 1804)	17,26,31	Rare- solitaire	8-186m
MONOCANTHIDAE			
Aluterus scriptus (Osbeck, 1765)	21	Rare- solitaire	2-80m
Cantherines pardalis (Rüppell, 1837)	21,23,33,34,35	Rare- solitaire	2-20m

ESPÈCE	Sites d'observation	Abondance et présence	Profondeur
Oxymonacanthus longirostris	2,4,8,9,10,14,15,18,21, 22,23,25,27,28,29,	Commune- Couples ou petits groupes	jusqu'à35m
(Bloch & Schneider, 1801)	32,34,35,37,38,39,40, 41,42		
Paraluteres prionurus (Bleeker, 1851)	28,29,32,33,36,37	Occasionnelle- solitaire ou petits groupes	jusqu'à25m
Pervagor alternans (Ogilby, 1899)	21	Rare- solitaire	jusqu'à15m
Pervagor janthinossoma (Bleeker, 1854)	10,18,27,33,40,42	Occasionnelle- solitaire et discrète	jusqu'à20m
OSTRACIIDAE			
Ostracion cubicus (Linnaeus, 1758)	2,21,25,26,31,33,35, 37,38,39	Occasionnelle- solitaire	jusqu'à35m
Ostracion meleagris (Shaw, 1796)	1,4,9,10,21,23,31,35	Occasionnelle- solitaire ou couples	jusqu'à30m
Ostracion solorensis (Bleeker, 1853)	21	Rare- solitaire ou couples	jusqu'à20m
TETRAODONTIDAE			
Arothron hispidus (Linnaeus, 1758)	33,42	Rare- solitaire	1-50m
Arothron meleagris (Lacepède, 1798)	1,9,18,24,34,35,38	Occasionnelle- solitaire	jusqu'à20m
Arothron nigropunctatus (Bloch & schneider, 1801)	1,2,16,17,18,22,34	Occasionnelle- solitaire	3-25m
Arothron stellatus (Bloch & Schneider, 1801)	12,27,34,42	Rare- solitaire	3-58m
Canthigaster amboinensis (Bleeker, 1865)	13,24	Rare- solitaire	jusqu'à10m
Canthigaster bennetti (Bleeker, 1854)	3,6,9,19,22,24,26,31,36 ,39,41	solitaire ou groupes	jusqu'à15m
Canthigaster coronata (Vailant & Sauvage, 1875)	15	Rare- solitaire	7-80m
Canthigaster janthinoptera (Bleeker, 1855)	4,37	Rare- solitaire ou couples	jusqu'à30m
Canthigaster valentini (Bleeker, 1853)	1,4,5,6,7,9,10,11,12, 13,14,15,17,18,19,21,22, 23,24,25,26,27,28,29, 30,31,32,33,34,35,36, 37,38,39,40,41,42	Commune- solitaire ou petits groupes	jusqu'à50m
DIODONTIDAE			
Diodon hystrix (Linnaeus, 1758)	2,14,21,35,41,42	Rare- solitaire	jusqu'à50m

Annexe 3

Liste des espèces de concombres de mer et de mollusques

Steve Lindsay et Sheila A. McKenna

CONCOMBRES DE MER	
Espèces	**Sites**
Actinopyga lecanora	27, 30, 32, 39
A. mauritiana	2, 3, 8-13, 16, 18, 20, 21, 26, 27, 33- 35,42
A. miliaris	27, 28, 41
Bohadschia argus	4, 5, 6, 17, 19, 22-28, 30-33, 36, 38, 39, 41, 42
B. graeffei	3, 7, 9, 10, 11, 14, 15, 25, 27, 29, 30, 31, 32, 40-42
B. viteinesis	39
Holothuria atra	5, 7, 8, 10, 13, 14, 18, 19, 23, 25-42
H. coluber	19, 24
H. edulis	6, 7, 19, 25, 27, 29, 30, 32, 33, 37,39-42
H. fuscogilva	17, 24
H. fuscopunctata	6, 17, 19, 24, 26, 27, 31, 32, 36, 37, 39, 41, 42
H. nobilis	l'information non disponible
H. palauensis	5, 10, 11, 16, 22, 26
H. scabra (versicolor)	17
Stichopus chloronotus	2, 3, 5-7, 9-13, 17-20, 22, 24-27, 31-33, 36, 37, 39, 40, 42
S. variegates	29, 39
T. ananas	l'information non disponible
T. anax	5, 27, 29, 31
MOLLUSQUES	
Hippopus hippopus	l'information non disponible
Tridacna crocea	l'information non disponible
T. derasa	l'information non disponible
T. gigas	non observé
T. maxima	l'information non disponible
T. squamous	l'information non disponible
Trochus niloticus	1, 2, 4-7, 9-13, 16, 18, 20, 21, 23, 25-28, 31-37, 41

Annexe 4

Résumé des données benthiques relatives aux sites coralliens étudiés dans Mont Panié

Sheila A. McKenna

Synthèse des données du benthos sur les sites récifaux étudiés au mont Panié. Pour le nombre de transects d'inventaire de 20m (n) le long du transect de 100m à différents niveaux de profondeur (peu profond 2-10, profond 12-20m), les biotes/substrats ont été classifiés comme : corail dur (HC), corail mou (SC), éponge (SP), macro-algues (MA), algues de tourbe (TA), algues calcaires (CA), gravats (RB), sable (SD), substrat nu (BS). La catégorie Autres représente les invertébrés tels qu'échinodermes, tuniciers etc. Le pourcentage moyen est fourni avec l'erreur standard en dessous entre parenthèses.

site	n	Profondeur	HC	SC	SP	MA	TA	CA	RB	SD	Autres	Sédimentation	BS
2	2	profond	46 (8,7)	14 (3,9)	0	1,3 (1,3)	21 (8,8)	10 (10)	2,5 (0)	2,5 (0)	0	0	0
2	4	peu profond	45 (2,9)	14 (3,9)	0,6 (0,6)	1,2 (1,2)	15 (3,7)	24 (1,6)	0	0	0	0	0
3	4	peu profond	12 (1,2)	0	0,6 (0,6)	0	34 (2,1)	3 (0,6)	21 (3,6)	27 (3,7)	0	0	1,2 (0,7)
4	3	profond	29 (5,0)	9 (3,7)	0,6 (0,6)	0	26 (5,0)	16 (4,4)	22,5 (7,4)	3 (1,2)	0	0	0
4	4	peu profond	51 (4,7)	9 (3,7)	0,6 (0,6)	0	12 (2,7)	22 (3,3)	5 (4,2)	0	0	0	0
5	4	profond	9,3 (2,1)	2,5 (1,0)	0,6 (0,6)	2,5 (1,8)	19 (8,8)	4 (2,6)	9 (3,1)	38 (14,5)	0,5 (0,5)	0	0
6	3	peu profond	26 (6,8)	0	9 (3,3)	0	29 (7,1)	2,5 (2,5)	8 (4,6)	22 (3,3)	0	0	2,5 (1,4)
7	4	peu profond	18 (1,6)	3 (0,6)	3 (1,6)	2,5 (1,8)	30 (5,1)	4 (3,6)	20 (11,9)	18 (6,2)	0	0	0
8	4	profond	22 (4,0)	2,5 1,8	1,9 (1,8)	52 (4,5	0	0	5 (3,5)	0	0	19 (6,5)	0
8	4	peu profond	62 (7,7)	3 (1,8)	0,6 (0,6)	10 (3,5)	16 (3,6)	5 (3,5)	0	0	0	2 (1,9)	0
9	4	profond	29 (8,9)	13 5,8	0	6 (3,0)	16 (5,3)	7,5 (2,7)	27,5 (11,6)	11 (9,0)	0	0	0
9	3	peu profond	34 (2,2)	13 (5,8)	0	7,5 (4,3)	23 (2,2)	10 (1,4)	8 (7,1)	3 (1,7)	0	0	0
10	4	peu profond	15 (4,6)	0,6 (0,6)	0,6 (0,6)	1,2 (1,2)	42 (5,1)	12 (1,6)	26 (8,7)	2 (0,6)	0	0	0
11	4	profond	22 (4,2)	6 (1,6)	0	30 (11,8)	26 (5,5)	6,9 (1,9)	1,9 (1,2)	6,9 (1,9)	0	0	0
12	4	peu profond	34 (2,4)	4 (1,6)	0,6 (0,6)	16 (3,7)	24 (3,1)	16 (5,5)	4 (2,2)	0,6 (0,6)	0	0	0

site	n	Profondeur	HC	SC	SP	MA	TA	CA	RB	SD	Autres	Sédimentation	BS
13	4	profond	28 (1,6)	8 2,1	1,9 (1,2)	6 (1,6)	31 (4,1)	16 (4,4)	4 (2,8)	7 (4,4)	0	0	0
13	4	peu profond	52 (4,6)	8 (2,1)	0	0,6 (0,6)	19 (3,3)	21 (3,7)	0	0	0	0	0
14	4	peu profond	35 (4,7)	0	1,3 (0,7)	36 (3,9)	16 (0,7)	0,6 (0,6)	2,5 (1,8)	6 (3,0)	0,3 (0,3)	2 (1,2)	0
15	4	peu profond	68 (2,1)	2,5 (1,0)	0	15 (4,8)	10 (4,2)	4 (2,2)	0	0,6 (0,6)	0	0	0
16	4	profond	56 (7,4)	10 (2,3)	0	0,6 (0,6)	15 (4,8)	14 (2,6)	0	1,2 (1,2)	1 (0,6)	0	0
17	4	peu profond	23 (2,1)	0	6 (2,1)	0	23 (5,7)	0	14 (4,1)	34 (7,7)	0	0	0
18	4	profond	50 (5,8)	7 (1,9)	0	2,5 (1,8)	8 (2,7)	9 (2,6)	12 (2,6)	12 (1,9)	0	0	0
19a	4	profond	16 (6,4)	6 (4,1)	0	0,6 (0,6)	15 (3,7)	0	51 (5,1)	6 (2,6)	0	0	0
19b	3	peu profond	19 (3,0)	0	0	4 (1,7)	20 (3,8)	0	50 (2,9)	7 (3,0)	0	0	0
20	4	profond	49 (3,6)	22 (1,0)	1 (0,6)	0	7 (2,1)	21,2 (1,6)	0	0	0	0	0
21	4	profond	61 (3,9)	12 (1,9)	1 (0,6)	1,3 (1,3)	8 (3,9)	17 (5,3)	0	0	0,7 (0,25)	0	0
21	4	peu profond	42 (3,6)	1,2 (0,7)	0	0	18 (4,8)	37 (3,6)	0	0	0	0	0
22	4	peu profond	28 (3,6)	6 (3,6)	0	0,6 (0,6)	20 (1,8)	19 (2,4)	14 (3,9)	12 (4,7)	0,5 (0,3)	0	0
23	4	peu profond	23 (7,7)	5 (2,3)	0	2 (0,6)	25 (7,1)	6 (2,9)	17,5 (3,7)	21 (5,2)	0	0	0
24	4	peu profond	22 (4,1)	1,9 (1,9)	0,6 (0,6)	9 (7,1)	29 (6,9)	2,5 (1,8)	12,5 (4,4)	22 (4,2)	0	0	0
25	4	peu profond	41 (9,4)	5 (2,7)	0	0,6 (0,6)	24 (6,1)	2 (1,9)	18 (8,0)	9 (1,6)	0	0	0
26	3	profond	32 (1,7)	10 (2,5)	1,7 (0,8)	0	11 (5,8)	29 (6,0)	0,8 (0,8)	14 (7,4)	0,7 (0,3)	0	0
27	3	peu profond	19 (1,2)	4,4 (1,2)	0	2 (0,6)	12 (1,4)	0,6 (0,6)	42 (4,0)	20 (3,7)	0	0	0
28	4	peu profond	38 (6,9)	0	0	2 (1,2)	4 (1,6)	0	2,5 (2,5)	0	0	53 (8,4)	0
29	4	peu profond	34 (14,4)	0,6 (0,6)	0	14 (8,2)	1,3 (0,7)	0	17 (7,9)	0	0,25 (0,25)	29 (3,1)	0
30	4	peu profond	41 (3,3)	2,5 (1,0)	0	14 (4,5)	11 (2,2)	2 (1,2)	1,2 (1,2)	2 (1,8)	0	26 (3,6)	0
31	4	profond	33 (6,1)	0	0	0	18 (3,9)	0	4,4 (4,4)	43 (4,1)	0,5 (0,3)	0	0
31	2	peu profond	12 (2,5)	0	0	0	27 (2,5)	21 (6,3)	2,5 (2,5)	36 (8,8)	0	0	0
32	4	peu profond	35 (5,3)	12 (1,9)	0	6 (5,6)	14 (3,9)	1,2 (1,2)	26 (7,5)	4 (2,6)	0	0	0

site	n	Profondeur	HC	SC	SP	MA	TA	CA	RB	SD	Autres	Sédimentation	BS
33	4	peu profond	54 (0,7)	10 (2,0)	1,3 (0,7)	2 (1,2)	14 (1,9)	2,5 (1,0)	9,4 (2,6)	5 (3,1)	0,5 (0,3)	0	0
34	4	profond	51 (9,9)	19 (5,2)	0,6 (0,6)	2 1,2	6 (2,4)	21 (4,6)	0	0	0	0	0
35	4	profond	62 (2,8)	5 (1,0)	0	3 (1,6)	2 (1,8)	22 (4,1)	0	0	0	0	0
35	4	peu profond	54 (4,7)	8 (3,3)	0	0	4 (1,6)	31 (3,7)	0	0	0	0	0
36	4	peu profond	36 (10,2)	0	0	0,6 (0,6)	14 (5,3)	21 (6,9)	17 (3,9)	11 (3,6)	0	0	0
37	4	peu profond	13 (0,6)	21 (2,6)	0,6 (0,6)	12 (2,1)	27 (5,7)	2,5 (2,5)	4,4 (2,1)	18 (2,8)	0,25 (0,25)	0	0
38	4	peu profond	24 (5,8)	1,3 (0,7)	0	4 (2,1)	21 (2,8)	14 (5,7)	26 (5,2)	7 (4,5)	0	0	0
39	4	peu profond	16 (3,2)	16 (6,9)	0	3 (3,1)	4 (2,4)	5 (2,9)	17,5 (7,2)	39 (18,4)	0	0	0
40	4	peu profond	40 (4,9)	6,9 (2,4)	0	0	8 (3,7)	3 (0,6)	27 (4,7)	14 (3,1)	0	0	0
41	4	peu profond	55 (6,4)	6,3 (0,7)	0,6 (0,6)	16 (3,0)	2 (1,4)	3 (1,6)	2 (0,6)	14 (5,3)	0	0	0
42	4	peu profond	44 (5,5)	5 (1,8)	1,2 (1,2)	15 (3,1)	9 (2,4)	2 (0,6)	3 (1,2)	20 (3,1)	0	0	0

Annexe 5

Des estimations grossières (pourcentage) de la couverture de corail basé sur des observations faites pour évaluer les invertébrés d'importance commerciale

Steve Lindsay

Site	Pourcentage couverture de corail
1	30-50%
2	30-40%
3	<10%
4	<10%
5	15-50%
6	<10%
7	15-45%
8	15-50%
9	10-55%
10	5-15%
11	<10%
12	15-55%
13	10-30%
14	5-20%
15	25-70%
16	15-35%
17	5-15%
18	25-50%
19	5-15%
20	30-60%
21	15-55%
22	<10%
23	<10%
24	<5%
25	10-25%
26	<10%
27	<10%
28	5-35%
29	10-50%
30	10-50%

Site	Pourcentage couverture de corail
31	5-15%
32	5-40%
33	5-25%
34	5-35%
35	10-75%
36	<10%
37	5-15%
38	<10%
39	5-40%
40	10-60%
41	15-70%
42	10-40%

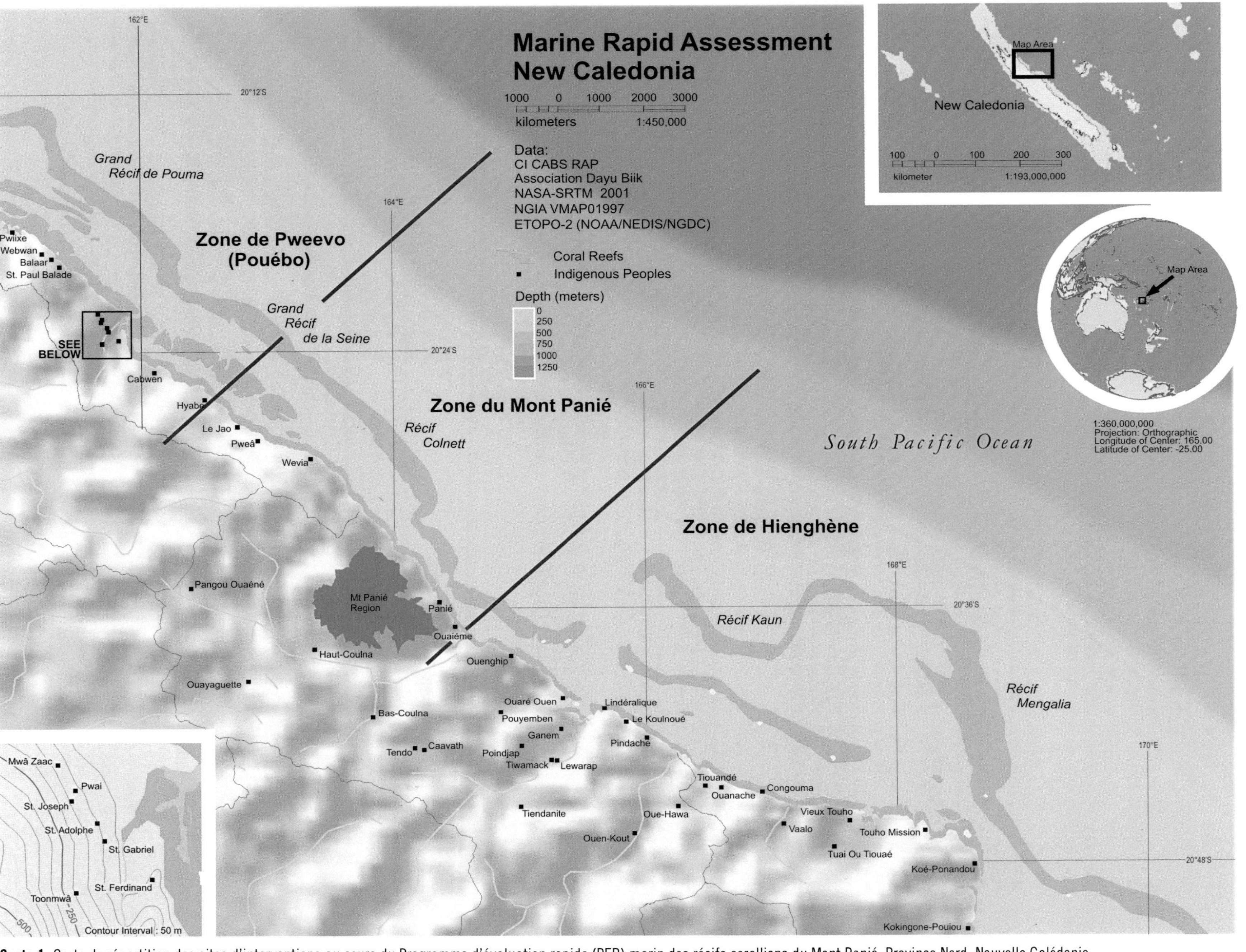

Carte 1. Carte de répartition des sites d'interventions au cours du Programme d'évaluation rapide (PER) marin des récifs coralliens du Mont Panié, Province Nord, Nouvelle Calédonie.

La côte de Hienghène (N. De Silva)

Navire Max (R. Evans)

Coraux durs, espèces d'*Acropora* (P. Laboute)

Loche Sanguine, *Cephalopholis miniata* sur le récif (H. Blaffart)

Rich Evans enregistre des données de diversité des poisons des récifs coralliens (N. Baillon)

Le bac de la Riviere de la Ouaième (G. Abrusci)

Diverses espèces de poissons nagent au-dessus d'une colonie de corail dur, *Acropora* sp. (H. Blaffart)

Un crinoïde sur une colonie de corail dure, *Porites* sp. (N. Baillon)

Travailler dans la forêt (N. De Silva)

Palétuviers sur la côte de Hienghène (G. Abrusci)

Coraux mou (N. Baillon)

Requin à aileron blanc de lagon, *Triaenodon obesus* (R Evans)

Un grand gorgone ou corail mou (N. Baillon)

Récif corallien (H. Blaffart)

Etoile de mer, *Fromia monilis* (H. Blaffart)

Planification de conservation (N. Baillon)

Equipe marine: premier rang: S.A. McKenna, S. Bouarat et G. Poaah-Arhou, dernier rang: B. Brown, R. Evans, N. Baillon, N. Cournet et P. Laboute non décrit: J.-F. Kayara, S. Lindsay, A. Maloune, X. P. Martel, C. Poithily et C. Quidet (S. Lindsay)

Equipe socio-économique: H Blaffart, N. De Silva et E. Ouillate non décrit: G. Le Nagard (G. Le Nagard)

Additional Published Reports of the Rapid Assessment Program

South America

* Bolivia: Alto Madidi Region. Parker, T.A. III and B. Bailey (eds.). 1991. A Biological Assessment of the Alto Madidi Region and Adjacent Areas of Northwest Bolivia May 18 - June 15, 1990. RAP Working Papers 1. Conservation International, Washington, DC.

* Bolivia: Lowland Dry Forests of Santa Cruz. Parker, T.A. III, R.B. Foster, L.H. Emmons and B. Bailey (eds.). 1993. The Lowland Dry Forests of Santa Cruz, Bolivia: A Global Conservation Priority. RAP Working Papers 4. Conservation International, Washington, DC.

† Bolivia/Perú: Pando, Alto Madidi/Pampas del Heath. Montambault, J.R. (ed.). 2002. Informes de las evaluaciones biológicas de Pampas del Heath, Perú, Alto Madidi, Bolivia, y Pando, Bolivia. RAP Bulletin of Biological Assessment 24. Conservation International, Washington, DC.

* Bolivia: South Central Chuquisaca Schulenberg, T.S. and K. Awbrey (eds.). 1997. A Rapid Assessment of the Humid Forests of South Central Chuquisaca, Bolivia. RAP Working Papers 8. Conservation International, Washington, DC.

* Bolivia: Noel Kempff Mercado National Park. Killeen, T.J. and T.S. Schulenberg (eds.). 1998. A biological assessment of Parque Nacional Noel Kempff Mercado, Bolivia. RAP Working Papers 10. Conservation International, Washington, DC.

* Bolivia: Río Orthon Basin, Pando. Chernoff, B. and P.W. Willink (eds.). 1999. A Biological Assessment of Aquatic Ecosystems of the Upper Río Orthon Basin, Pando, Bolivia. RAP Bulletin of Biological Assessment 15. Conservation International, Washington, DC.

§ Brazil: Rio Negro and Headwaters. Willink, P.W., B. Chernoff, L.E. Alonso, J.R. Montambault and R. Lourival (eds.). 2000. A Biological Assessment of the Aquatic Ecosystems of the Pantanal, Mato Grosso do Sul, Brasil. RAP Bulletin of Biological Assessment 18. Conservation International, Washington, DC.

§ Ecuador: Cordillera de la Costa. Parker, T.A. III and J.L. Carr (eds.). 1992. Status of Forest Remnants in the Cordillera de la Costa and Adjacent Areas of Southwestern Ecuador. RAP Working Papers 2. Conservation International, Washington, DC.

* Ecuador/Perú: Cordillera del Condor. Schulenberg, T.S. and K. Awbrey (eds.). 1997. The Cordillera del Condor of Ecuador and Peru: A Biological Assessment. RAP Working Papers 7. Conservation International, Washington, DC.

* Ecuador/Perú: Pastaza River Basin. Willink, P.W., B. Chernoff and J. McCullough (eds.). 2005. A Rapid Biological Assessment of the Aquatic Ecosystems of the Pastaza River Basin, Ecuador and Perú. RAP Bulletin of Biological Assessment 33. Conservation International, Washington, DC.

§ Guyana: Kanuku Mountain Region. Parker, T.A. III and A.B. Forsyth (eds.). 1993. A Biological Assessment of the Kanuku Mountain Region of Southwestern Guyana. RAP Working Papers 5. Conservation International, Washington, DC.

* Guyana: Eastern Kanuku Mountains. Montambault, J.R. and O. Missa (eds.). 2002. A Biodiversity Assessment of the Eastern Kanuku Mountains, Lower Kwitaro River, Guyana. RAP Bulletin of Biological Assessment 26. Conservation International, Washington, DC.

* Paraguay: Río Paraguay Basin. Chernoff, B., P.W. Willink and J. R. Montambault (eds.). 2001. A biological assessment of the Río Paraguay Basin, Alto Paraguay, Paraguay. RAP Bulletin of Biological Assessment 19. Conservation International, Washington, DC.

* Perú: Tambopata-Candamo Reserved Zone. Foster, R.B., J.L. Carr and A.B. Forsyth (eds.). 1994. The Tambopata-Candamo Reserved Zone of southeastern Perú: A Biological Assessment. RAP Working Papers 6. Conservation International, Washington, DC.

* Perú: Cordillera de Vilcabamba. Alonso, L.E., A. Alonso, T. S. Schulenberg and F. Dallmeier (eds.). 2001. Biological and Social Assessments of the Cordillera de Vilcabamba, Peru. RAP Working Papers 12 and SI/MAB Series 6. Conservation International, Washington, DC.

* Venezuela: Caura River Basin. Chernoff, B., A. Machado-Allison, K. Riseng and J.R. Montambault (eds.). 2003. A Biological Assessment of the Aquatic Ecosystems of the Caura River Basin, Bolívar State, Venezuela. RAP Bulletin of Biological Assessment 28. Conservation International, Washington, DC.

* Venezuela: Orinoco Delta and Gulf of Paria. Lasso, C.A., L.E. Alonso, A.L. Flores and G. Love (eds.). 2004. Rapid assessment of the biodiversity and social aspects of the aquatic ecosystems of the Orinoco Delta and the Gulf of Paria, Venezuela. RAP Bulletin of Biological Assessment 37. Conservation International, Washington, DC.

* Venezuela: Ventuari and Orinoco Rivers. C. Lasso, J.C. Señaris, L.E. Alonso, and A.L. Flores (eds.). 2006. Evaluación Rápida de la Biodiversidad de los Ecosistemas Acuáticos en la Confluencia de los ríos Orinoco y Ventuari, Estado Amazonas (Venezuela). Boletín RAP de Evaluación Biológica 30. Conservation International. Washington DC, USA.

Central America

§ Belize: Columbia River Forest Reserve. Parker, T.A. III. (ed.). 1993. A Biological Assessment of the Columbia River Forest Reserve, Toledo District, Belize. RAP Working Papers 3. Conservation International, Washington, DC.

* Guatemala: Laguna del Tigre National Park. Bestelmeyer, B. and L.E. Alonso (eds.). 2000. A Biological Assessment of Laguna del Tigre National Park, Petén, Guatemala. RAP Bulletin of Biological Assessment 16. Conservation International, Washington, DC.

Asia-Pacific

* Indonesia: Wapoga River Area. Mack, A.L. and L.E. Alonso (eds.). 2000. A Biological Assessment of the Wapoga River Area of Northwestern Irian Jaya, Indonesia. RAP Bulletin of Biological Assessment 14. Conservation International, Washington, DC.

* Indonesia: Togean and Banggai Islands. Allen, G.R., and S.A. McKenna (eds.). 2001. A Marine Rapid Assessment of the Togean and Banggai Islands, Sulawesi, Indonesia. RAP Bulletin of Biological Assessment 20. Conservation International, Washington, DC.

* Indonesia: Raja Ampat Islands. McKenna, S.A., G.R. Allen and S. Suryadi (eds.). 2002. A Marine Rapid Assessment of the Raja Ampat Islands, Papua Province, Indonesia. RAP Bulletin of Biological Assessment 22. Conservation International, Washington, DC.